I0041575

REUSSIR UNE RECHERCHE DOCTORALE EN SCIENCES DE GESTION

Les enseignements de l'itinéraire d'un chercheur évoluant dans un contexte hostile

Ruphin NDJAMBOU

Title: **REUSSIR UNE RECHERCHE DOCTORALE EN SCIENCES DE GESTION**

Les enseignements de l'itinéraire d'un chercheur évoluant dans un contexte hostile

ISBN: 979-8-88676-412-3

Author: Ruphin NDJAMBOU

Cover image: https://pixabay.com/

Publisher: Generis Publishing
Online orders: www.generis-publishing.com
Contact email: info@generis-publishing.com

Sommaire

AVANT-PROPOS

Une boussole pour produire du savoir et de l'action en contexte africain.

Soufyane FRIMOUSSE.

La société contemporaine est une société du savoir, fondée sur la pénétration du savoir scientifique dans toutes les sphères de la vie. La recherche et l'innovation sont les moteurs du développement social et économique et, en sciences de gestion, sciences de l'action, la nécessité d'une contribution réelle des chercheurs au développement des organisations est reconnue.

La recherche en sciences de gestion ne doit pas être condamnée à demeurer une activité de chercheurs pour des chercheurs ! La recherche en gestion ne peut pas faire l'impasse sur la question de la pertinence de son objet. Pour espérer influencer les pratiques des entreprises, la recherche en gestion doit être pertinente. Elle doit aborder des sujets à forts enjeux pour les organisations afin de produire des connaissances fondamentales et actionnables. Une étroite coopération entre le théoricien et l'expérimentateur, le chercheur et le dirigeant apparaît fructueuse. Ce rapprochement s'effectue à travers la création de chaires de recherche et le développement de programmes de formation à la recherche et par la recherche pour des praticiens et pour des jeunes chercheurs.

Dans cette optique, l'emprunt de démarches méthodologiques rigoureuses est indispensable ! D'où l'importance de l'ouvrage proposé par le professeur Ruphin NDJAMBOU dont la lecture permettra aux chercheurs de concilier rigueur, savoirs et utilités.

La richesse des chapitres proposés stimule l'intelligence collective et incite au partage de l'information, au respect des normes scientifiques, à la multiplication d'interactions et de connexions afin de développer des recherches collaboratives, actionnables et qui font sens. Connaissances pratiques et expériences à l'origine des questionnements se mêlent à la rigueur académique et aux connaissances fondamentales du chercheur.

Rigueur méthodologique validée par les pairs et pertinence attestée par les professionnels sont ainsi conciliées à la lecture de cet ouvrage majeur !

Cet ouvrage apporte aux chercheurs les connaissances, les méthodes et les approches indispensables à la formulation du projet de recherche et à la réalisation de la thèse.

Il est également un guide qui permet d'éviter aux chercheurs de se faire piéger par la grande broyeuse académique. L'auteur souligne l'importance des aspirations, des rêves, des espoirs, des ambitions, des modèles humains, de la créativité et, au fond, d'une pensée libre.

Les chapitres et la structuration de l'ouvrage favorisent la progression dans la réalisation d'une recherche appliquée élaborée avec une approche structurée. L'intérêt étant de produire du savoir et de l'action.

Le philosophe Pascal disait « *Je ne peux pas comprendre le tout si je ne connais pas les parties et je ne peux pas comprendre les parties si je ne connais pas le tout.* » L'ouvrage permet de faire la navette entre des savoirs compartimentés et une volonté de les intégrer, de les contextualiser ! [1]

Belle aventure de recherche.

Cet ouvrage sera votre boussole.

---

[1]

Soufyane FRIMOUSSE

Maître de conférences, docteur et habilité à diriger des recherches en Sciences de Gestion. Université de Corse, Université de Montpellier 3. Chercheur associé Essec Business School Paris. Chercheur associé HEC Montréal. Chercheur Centre Jacques Berque Rabat. Chercheur GIS Moyen-Orient et mondes musulmans CNRS. Rédacteur en chef adjoint de la revue *Questions de Management.* Ses domaines d'expertise sont le leadership, les modèles alternatifs de management, l'innovation et la gestion de la transformation. Il contribue à plusieurs ouvrages collectifs et à de nombreuses revues académiques et professionnelles françaises et internationales. Il est l'auteur de l'ouvrage - *Innovation and agility in the digital age: Africa, the world's laboratories of tomorrow* aux éditions Wiley.

PREFACE

Hadj NEKKA

Le professeur Ruphin NDJAMBOU se lance dans un projet ambitieux et très utile pour le développement de la recherche africaine en sciences de gestion. Ambitieux parce qu'il souhaite partager son expérience avec les jeunes chercheurs pour leur donner envie non seulement de commencer un travail de recherche, en particulier une thèse de doctorat, mais de pouvoir y aller jusqu'au bout. Utile, parce qu'il retrace tout le processus allant du démarrage à la rédaction finale.

Je salue tout d'abord cette ambition qui témoigne de l'attachement du Ruphin NDJAMBOU à la promotion de la qualité de la recherche en sciences de gestion. Bien entendu, cet ouvrage prouve cet attachement mais aussi les nombreuses activités préalables à sa réalisation. Il nous propose donc un ouvrage qui est le fruit d'un parcours professionnel de chercheur certes (production de communications dans des congrès savants mais de publication dans des revues classées) mais aussi d'un entrepreneur visionnaire passionné par les défis pédagogiques et par l'accompagnement des jeunes. La construction de cet ouvrage nous semble d'ailleurs fidèle à ces caractéristiques. Nous retrouvons clairement le profil du chercheur et d'entrepreneur à travers l'architecture générale de ce manuel.

En effet, le lecteur ressent que l'ouvrage est amené d'une manière claire et cohérente. Nous considérons qu'il a réussi son pari en voulant réaliser cet ouvrage en combinant les qualités du chercheur et de l'entrepreneur. La rigueur du chercheur et le pragmatisme de l'entrepreneur ont été astucieusement combinés. Si les qualités du chercheur ont dicté le contenu, les qualités de l'entrepreneur ont produit de conseils utiles pour favoriser l'engagement des étudiants africains dans des travaux de recherche. Après avoir présente les buts et les difficultés de l'objet de la recherche (les sciences de gestion), il propose à son lecteur des consignes qui lui permettent de bien démarrer son travail de recherche. Si la posture du chercheur l'a emportée dans le premier chapitre, le deuxième chapitre a été totalement guidé par l'approche entrepreneuriale en abordant la « bonne » démarche à suivre dans un travail de recherche. D'emblée, son ouvrage a été conçu à travers un dosage pertinent des qualités du chercheur et de l'entrepreneur. Dans le chapitre 4, il a abordé une question à mes yeux centrale dans toute recherche, celle du choix du modèle théorique dans lequel se positionne le chercheur. Je considère que ce positionnement est fondamental puisqu'il conditionne à mon sens les travaux en sciences de gestion de qualité. En étant visionnaire, il a su encore une fois exploiter à juste titre ses qualités d'entrepreneur. La suite de l'ouvrage a été pilotée par les qualités de chercheur. Lors du chapitre 5, il revient sur la collecte des données en développant les outils nécessaires à sa réalisation tout en traitant le problème du choix approprié de la méthode de collecte. Sur ce sujet, il a bien senti les difficultés d'accès au terrain en contexte africain en s'attaquant aux outils de collecte des données selon une approche d'accès au réel. Il reproduit la même démarche au niveau du chapitre 6, il développe la question du traitement des données en apportant des consignes utiles en termes d'interprétation des résultats. Enfin, l'ouvrage se termine par un chapitre consacré au travail de rédaction dans une perspective à la fois en termes d'exigence académique et en termes d'importance de la communication.

Nous avons là une posture très courageuse et très optimiste. Le courage se trouve dans ses choix d'être pragmatique et visionnaire sans pour autant donner l'impression au lecteur de reléguer au second plan la rigueur et le souci de la méthode dans un travail d'intention scientifique. Le côté optimiste réside à mon sens dans sa confiance à l'Afrique, il n'a aucun doute que l'Afrique possède des capacités et les ressources nécessaires pour viser plus haut. Effectivement, l'instinct d'entrepreneur l'amène à croire dans le potentiel des jeunes africains pourvu qu'on leur fasse confiance et que l'on prenne des initiatives qui créent les conditions de la réussite.

Hadj NEKKA, enseignant-chercheur à l'Université d'Angers et rédacteur en chef de la revue RISO (France).

INTRODUCTION GENERALE

REUSSIR UNE RECHERCHE DOCTORALE EN SCIENCES DE GESTION

Trop d'enseignants chercheurs hésitent à démarrer (ou à « redémarrer ») un travail de recherche. Concrètement, cela signifie qu'ils n'osent pas se lancer. Beaucoup hésitent par modestie, craignant de n'être plus à la hauteur... D'autres hésitent face à l'investissement en tant que représente la production d'un écrit personnel et original, prisonnier qu'ils sont des charges pédagogiques et administratives qu'ils ont acceptées. Pourtant, dans tous les cas, une telle production serait hautement avantageuse : elle serait de nature à leur assurer davantage de considérations de la part de leurs collègues, une reconnaissance tangible en termes de carrière ainsi qu'une profonde fierté personnelle, fondée sur un sentiment d'accomplissement de soi.

Finalement, beaucoup pensent : « j'aimerais m'y remettre sérieusement et aller jusqu'au bout » ... :

- Mais je n'en ai pas le temps,
- Mais je m'y mettrai dans quelques temps, car aujourd'hui j'ai trop d'obligations ou de choses urgentes à traiter,
- Mais je ne pourrai qu'exprimer des banalités ou répéter des choses déjà dites,
- Mais ce serait donner aux autres des arguments pour me critiquer ...

Dans un contexte africain, la litanie est la même qu'au Nord ... On la complète généralement par des considérations spécifiques : sur l'éloignement géographique, sur la pauvreté des centres de documentations, sur l'irrégularité des liaisons internes, sur l'impossibilité de participer aux colloques internationaux, sur la lenteur des transmissions de courrier, sur la difficulté d'accéder aux grandes revues scientifiques...

Or, même si ces handicaps sont bien réels, il n'y a, dans ces listes d'arguments, uniquement recherche d'excuses, uniquement tentatives - conscientes ou inconscientes - pour s'exonérer de sa responsabilité de chercheurs, uniquement l'expression d'une incapacité à dire : « c'est décidé, demain je m'y mets et, dès demain, je relève le défi !».

Non, il n'y a pas de fatalité africaine ! Il y a seulement, au Nord comme au Sud des personnes qui manquent de cette « rage de vaincre », de cette volonté de faire plier le destin, de ce souhait d'aller au bout de ses capacités ... tous sentiments qui sont nécessaires pour atteindre l'enthousiasme de celui qui a accompli sa tâche ... Il y a, au

Sud comme au Nord, des gens capables, des gens qui voudraient mais qui n'osent pas et qui cherchent à se donner bonne conscience !

Si ce papier pouvait, par les conseils qu'il donne comme par sa franchise (« nous sommes tous pareils ... et ceux qui ont abouti ont, à certains moments, connu les mêmes doutes !»), stimuler et encourager nos collègues intéressés par les Sciences de Gestion, nous aurions atteint notre but !

C'est avec cet espoir et cette ambition empreinte de générosité que nous aborderons successivement :

- Les buts et les difficultés de la recherche en gestion,
- Les dix étapes de la préparation d'un papier de recherche,
- L'évaluation des efforts des chercheurs.

Encart 1 « AVANT DE S'ENGAGER EN THESE »

1) Voyez-vous votre avenir professionnel dans l'enseignement supérieur ou la recherche ?
2) Pourrez-vous consacrer l'essentiel des 2 ou 3 années à venir à votre travail de thèse ?
3) Etes-vous capable de « faire le point » sur un sujet en un temps donné ?
4) Pouvez-vous, après un minimum de travail, écrire trois pages « qui se tiennent » sur un sujet donné ?
5) Etes-vous capable de mettre de l'ordre dans vos idées ?
6) Etes-vous capable de mettre de l'ordre dans votre documentation et de vous y retrouver ?
7) Pouvez-vous vous imposer une discipline de travail sur plusieurs mois ?
8) Avez-vous assez de ténacité et de volonté pour surmonter une succession de difficultés ou de contrariétés ?
9) Avez-vous déjà rédigé un travail satisfaisant de plusieurs dizaines de pages ?
10) Etes-vous très motivé pour faire une thèse ?

Solution encart 1

Entre 8 et 10 « OUI » : lancez-vous dans la thèse.

Entre 0 et 4 « OUI » : renoncez.

Entre 5 et 7 « OUI » : testez-vous sur un mémoire d'environ 100 pages et demandez-vous si la thèse est vraiment nécessaire pour votre projet professionnel.

D'après M. BEAUD (1999), L'art de la thèse, Ed. La Découverte, 176p)

Encart 2 : Le Directeur de Thèse

1) Est-il habilité à diriger des thèses ?
2) Est-il à plus de 2 ans de la retraite ?
3) Est-il généralement disponible pour les chercheurs ou étudiants qui travaillent sous sa direction ?
4) Est-il compétent dans le domaine où vous travaillez ?
5) Est-il susceptible d'être intéressé par le sujet que vous traitez ?
6) S'il vous connaît déjà, vous a-t-il incité à faire une thèse ?
7) Limite-t-il le nombre des étudiants qu'il accepte de suivre en mémoire ou en doctorat ?
8) Accepte-t-il que des étudiants aient une démarche qui diffère de la sienne ?
9) Prend-il connaissance avec attention des travaux qui lui sont soumis ?
10) Anime-t-il un atelier de recherche ouvert à ses étudiants en thèse ?

Solution encart 2 :

Entre 8 et 10 « OUI » : essayez de bénéficier de sa direction.

Entre 0 et 4 « OUI » : mieux vaut chercher ailleurs.

Entre 5 et 7 « OUI » : essayez et tenez compte au mieux de ses qualités et de ses défauts.

Personnellement, j'ajouterai à ce test des critères «personnels»: sans une confiance réciproque «a priori», sans une certaine sympathie ... les relations forcément durables et nombreuses seront délicates et moins improductives ....

D'après M. BEAUD (1999), L'art de la thèse, Ed. La Découverte, 176p)

Suite à toutes ces interrogations, nous structurons notre ouvrage en deux grandes phases dont une phase théorique et une phase empirique. La phase théorique est composée de quatre (4) chapitres. Le **premier chapitre** porte sur les buts et difficultés de la recherche en sciences de gestion. Le **deuxième chapitre** est consacré au démarrage d'un travail de recherche. Le **troisième chapitre**, quant à lui, aborde le choix d'une « bonne » démarche. Enfin, le **quatrième chapitre** présente le panorama des théories des organisations, choix des variables et d'un modèle d'analyse. La phase empirique est structurée en cinq (5) chapitres qui détaillent successivement le positionnement épistémologique et l'analyse des données recueillies dans le **cinquième chapitre** ; le traitement des données dans le **sixième chapitre** ; les résultats et le rapport de recherche dans le **septième chapitre** ; et enfin la synthèse de l'évaluation d'un travail de recherche dans le **huitième chapitre**. Nous terminons cet ouvrage par des conseils pratiques aux chercheurs dans le **neuvième chapitre** et par une conclusion générale. On y retrouve en annexes non seulement des conseils pratiques aux jeunes chercheurs mais aussi des résumés de thèses et des témoignages des nouveaux docteurs ; le tout pouvant servir d'inspiration aux doctorants en cours.

CHAPITRE I

LA RECHERCHE EN GESTION :

BUTS ET DIFFICULTES

La recherche en gestion a deux finalités principales

On est, tout d'abord, dans le domaine des sciences. Donc, le chercheur est animé par un souci : accumuler des connaissances nouvelles en découvrant des *régularités* dans les relations qui unissent les faits qui l'entourent et cela, pour mieux comprendre les causes comme les conséquences de ces faits.

Comme son champ de préoccupations est, *l'entreprise (ou les organisations)* il s'intéresse particulièrement aux régularités qui caractérisent l'organisation ou son environnement, c'est à dire :

- Aux interactions internes (interactions entre les hommes, entre les groupes d'hommes, entre les hommes et les autres ressources (financières, matérielles, technologiques, informationnelles)
- Mais aussi aux interactions externes entre l'entreprise et ses marchés (fournisseurs ou clients).

On est aussi dans le domaine des sciences de *gestion*, donc dans celui des sciences appliquées.

En conséquence, les connaissances crées par la démarche scientifique doivent pouvoir être utiles aux décideurs, essentiellement aux responsables de l'entreprise. In fine, les découvertes scientifiques doivent aider le responsable en entreprise à choisir les décisions réduisant les risques d'échec ou maximisant les chances de succès.

Cela exige de la part du chercheur :

- De savoir *parfois* « recevoir » des suggestions des non-chercheurs quant à l'orientation de ses recherches ; en d'autres termes, le choix des thématiques « utiles » peut parfois être influencé par les non-chercheurs,
- De savoir *toujours* communiquer ses résultats aux non-chercheurs. Le chercheur se doit d'expliciter en quoi ses résultats peuvent s'avérer utiles, dans quel genre de situations ou dans quel genre d'entreprises ils représentent un apport efficace.

Il faut toujours essayer de démontrer l'utilité des travaux réalisés. Il ne faut pas, par contre, laisser aux décideurs le soin de lire le papier de recherche et de se demander, ensuite, à quoi cela pourrait leur servir. C'est au chercheur de faire l'effort de réfléchir à l'utilité et de dire dans quelles circonstances et pour qui, ses écrits sont utiles !

Il s'agit donc, de manière progressive, d'accumuler des connaissances qui intéressent l'organisation, c'est à dire de proposer de nouvelles interprétations, de réviser ou de nuancer les croyances qu'on pensait « générales » ou « définitives », en montrant, par exemple, le caractère simplement contingent par rapport à certaines circonstances. Cette accumulation de connaissances n'est pas « gratuite » : elle vise à diminuer les risques encourus par les décideurs.

Finalement le chercheur en gestion, poursuit deux buts :

- Comprendre la réalité des organisations et de leur environnement,
- Faciliter la prise de décision (« prévoir » des événements, des réactions, des résultats, comparer les résultats de diverses politiques, identifier les bons moyens d'action sur la demande …).

Les difficultés de la recherche en gestion sont nombreuses. Elles tiennent notamment à :

- La complexité du domaine (pluridisciplinarité, variabilité des comportements, instabilité des conditions d'expérience) qui rend la liste de variables très nombreuses donc difficilement « contrôlables »,
- L'expérimentation délicate (coûts, confidentialité par rapport à des concurrents, sentiment d'être observé qui transforme les réactions …),
- La difficulté de mesure (opérationnalisation des hypothèses délicates, difficulté pour l'échantillonnage, difficulté pour le « questionnement » …et pour définir les échelles de mesure …).

Les précautions à prendre :

- À éviter : trop de ténacité (défendre ses préjugés contre les faits observés), trop de confiance en l'opinion des « experts », trop de confiance en l'intuition …
- À « faire » : rester « objectif » en utilisant des méthodes grâce auxquelles tout spécialiste compétent arrivera aux mêmes constats (reproductibilité des observations), être méthodique dans le recueil des informations.

LA RECHERCHE EN GESTION : BUTS ET DIFFICULTES

Deux finalités principales :

- Scientifiques :

Régularités dans les faits pour une meilleure compréhension,

- Utilitaristes :

Sciences appliquées

Objet :

L'entreprise (ou les organisations) et la diminution des risques inhérents à la décision.

Difficulté de la recherche en gestion :

- **Complexité du domaine,**
- **Expérimentation délicate,**
- **Difficulté de mesure,**
- **Savoir communiquer avec les non-chercheurs**

Précautions à prendre :

- **Pas trop de ténacité**
- **Rester « objectif » et méthodique dans le recueil des informations.**

CHAPITRE II

DEMARRER un TRAVAIL de RECHERCHE (THESE)

2.1- Voies intéressantes mais à éviter en phase de démarrage :

2.1.1- Ouvrages d'EPISTEMOLOGIE :

Il s'agit ici de textes concernant le statut scientifique ou non, des démarches de recherche ... :

- Épistémè = science
- Logos = étude
- Épistémologie : partie de la philosophie qui étudie l'histoire, les principes, les méthodes des sciences
- On y oppose notamment : positivisme-constructivisme, vérificationnisme-réfutationisme (Popper), explicatif-normatif, déterminisme-intentionnalisme.

2.1.2- Ouvrages de METHODOLOGIE :

Il s'agit ici d'ouvrages consacrés aux méthodes empiriques retenues pour vérifier ou infirmer les idées avancées (monographie, études de cas, enquêtes peu directives, enquêtes sur questions fermées, observations, expérimentations...) ainsi que les méthodes d'analyse des données recueillies (analyse de contenu, analyse statistique...).

Ce n'est pas au début d'un travail que ces questions épistémologiques (caractérisation du style d'efforts scientifiques) ou de choix méthodologiques (techniques d'investigations) se posent ....

Elles apparaissent quand le travail est en cours, voire même quand il est terminé et que l'on essaie de le classer par rapport à d'autres efforts scientifiques ....

2.1.3- DONNEES TEXTUELLES OU STATISTIQUES TROP NOMBREUSES SUR LE DOMAINE

Certes, la volonté de rassembler des données très nombreuses peut prouver que le chercheur veut, avant de se « lancer », éviter d'être incomplet, partiel, voire partial.

Cependant, à agir ainsi, il peut rapidement se sentir « submergé » et incapable de discerner l'essentiel (les relations principales, les idées maîtresses, les buts précis à assigner à son travail …) : des connaissances trop nombreuses et surtout mal assimilées ne permettent pas d'élaborer de bons raisonnements.

Au final, mieux vaut :

- La lecture approfondie de quelques textes bien choisis (récents ou au contraire « fondateurs », synthétiques, critiques)
- Ou l'analyse sérieuse de quelques tendances statistiques fortes pour éviter le découragement et le sentiment d'être « perdu », qui sont plutôt de nature à inciter à l'abandon.

2.2- La voie à éviter absolument : le découragement

Notre souci est plutôt d'aider celui qui débute un travail de recherche … et qu'on entend souvent dire (d'après QUIVY et al., 1995) :

« Je ne sais vraiment pas par où commencer »

« Je ne sais plus où j'en suis »

« J'ai l'impression que je ne sais même plus ce que je cherche »

« Je n'ai aucune idée de la manière dont je dois m'y prendre pour continuer »

« J'ai beaucoup de données, mais je ne vois pas vraiment ce que je peux en tirer »

Il ne s'agit pas pour autant de tomber dans l'excès que représenterait l'affichage de recettes qui seraient, soi-disant, valables pour tous les problèmes et pour tous les chercheurs. On a bien conscience de la diversité des problèmes que se posent les chercheurs ainsi que de la diversité des sensibilités et des compétences des chercheurs, pour vouloir imposer Une solution …

Pour autant, trop de chercheurs sont, à un moment ou à un autre de leur carrière ou de leur travail de recherche, « désemparés ». C'est à eux qu'on souhaiterait s'adresser :

- Pour qu'ils sachent que d'autres ont connu les mêmes problèmes,
- Pour qu'ils n'abandonnent pas,
- Pour qu'ils trouvent la solution,
- Pour qu'ils aient « envie de produire de la connaissance »,
- Pour qu'ils connaissent à nouveau l'enthousiasme après le découragement.

2.3- Une voie efficace :

Le chercheur a deux intentions :

– « Élucider le réel », c'est à dire mieux le comprendre pour mieux s'y adapter ou pour mieux agir sur lui,
– Respecter une démarche « scientifique » reposant sur la rigueur et l'analyse critique.

Il veut donc créer de la « connaissance scientifique » c'est à dire :

– Authentique (on a bien « mesuré » ou décrit les phénomènes ou concepts, objets de l'étude),
– Objective (d'autres chercheurs auraient abouti aux mêmes constats),
– Et relative (en sciences sociales, il serait naïf de croire à des vérités définitives et universelles).

Pour y parvenir, une bonne démarche consiste à :

– 1°) choisir un domaine de travail, un thème général (références à l'actualité, à des préoccupations « à la mode », à sa propre sensibilité, à ses centres d'intérêt personnel, …) ;
– 2°) explorer le domaine (lectures, entretiens exploratoires) ;
– 3°) bien définir l'objectif à atteindre, c'est à dire préciser une problématique relevant du domaine choisi : à quelle question veut-on apporter réponse car elle n'est pas, à ce jour, correctement ou complètement résolue … ? quel problème veut-on résoudre ? sous quel angle souhaite-t-on aborder ce problème ?
- 4°) traduire cette problématique en un modèle d'analyse qui rassemble les divers facteurs ou événements qui interfèrent avec le phénomène étudié : à l'inventaire des variables à prendre en considération il convient d'ajouter les relations qui les unissent. Une représentation schématique (donc visuelle) de ces relations permet de mieux distinguer les variables causales, les variables médiatrices (qui subissent l'influence des causes et agissent ensuite sur le phénomène étudié) et les variables modératrices (qui agissent conjointement aux causes étudiées mais dont l'effet ne sera pas directement mesuré) ;
- 5°) formuler des hypothèses concernant ces relations sous une forme claire et non ambiguë, donc vérifiable ;
- 6°) mobiliser un système rigoureux de mesure (indicateurs des variations subies par les variables) et d'observation (plan d'expérience et mode de recueil de données) ;

- 7°) analyse des données recueillies ;
- 8°) conclusions : quelles hypothèses sont vérifiées ; lesquelles sont infirmées et donc quelle réponse donner aux questions qu'on se proposait de résoudre ;
- 9°) présentation des limites de la recherche, des voies d'amélioration possibles au plan méthodologique et des compléments théoriques à envisager ;
- 10°) indication des prolongements opérationnels de la recherche.

DEMARRER un TRAVAIL de RECHERCHE (THESE)

PAR QUOI NE PAS COMMENCER ?

OUVRAGES d'EPISTEMOLOGIE

OUVRAGES consacrés à la METHODOLOGIE de la RECHERCHE

DONNEES TROP NOMBREUSES SUR LE DOMAINE

LES DOUTES DES CHERCHEURS

« Je ne sais vraiment pas par où commencer »

« Je ne sais plus où j'en suis »

« J'ai l'impression que je ne sais même plus ce que je cherche »

« Je n'ai aucune idée de la manière dont je dois m'y prendre pour continuer »

« J'ai beaucoup de données, mais je ne vois pas vraiment ce que je peux en tirer »

(D'après R. Quivy et al., 1995.)

CHAPITRE III

UNE « BONNE » DEMARCHE

Une bonne démarche suppose le respect des différentes étapes de la recherche et qui peuvent être résumées de la manière suivante :

- 1°) choix d'un domaine de travail ;
- 2°) explorer le domaine ;
- 3°) définir une problématique ;
- 4°) visualiser un modèle d'analyse

(Variables et relations hypothétiques) ;

- 5°) formuler les hypothèses ;
- 6°) opérationnaliser le modèle d'analyse

(Système d'indicateurs et mode d'observation) ;

- 7°) analyser les données recueillies ;
- 8°) conclure

(Hypothèses vérifiées et réponse(s) à question(s) centrale(s)) ;

- 9°) présenter les limites de la recherche, les améliorations possibles au plan méthodologique et les compléments théoriques envisageables ;
- 10°) indication des prolongements opérationnels de la recherche.

Selon Brisoux (1997), il y a sept (7) étapes détaillées d'une recherche en gestion :

1) FORMULATION DU PROBLEME MANAGERIAL (Question) ;
2) DEFINITION DU CADRE CONCEPTUEL (Recension de la documentation, élaboration du modèle théorique, définition des concepts et des variables, etc.) ;
3) FORMULATION DU PROBLEME DE RECHERCHE, DES OBJECTIFS ET DES HYPOTHESES DE RECHERCHE ;
4) METHODOLOGIE DE LA RECHERCHE ("la cuisine")

4.1 IDENTIFICATION DES INFORMATIONS NECESSAIRES ;

4.2 IDENTIFICATION DES SOURCES D'INFORMATION ;

4.3 CHOIX DU TYPE D'ETUDE (descriptive ou expérimentale) ;

4.4 CHOIX DES INSTRUMENTS DE MESURE (à partir de la définition opérationnelle des variables) ;

4.5 DEFINITION DES REGLES DE DECISION (pour confirmer ou infirmer les hypothèses) ;

4.6 IDENTIFICATION DE L'UNIVERS IDEAL, DU CADRE D'ECHANTILLONAGE, DE L'UNIVERS ETUDIE, DE LA METHODE D'ECHANTILLONAGE ET DE LA TAILLE DE L'ECHANTILLONAGE ;

4.7 COLLECTE DES DONNEES (méthode, encadrement, contrôle) ;

4.8 TRAITEMENT DES DONNEES ;

5) ANALYSE ET INTERPRETATION DES RESULTATS (retraduction) ;
6) LIMITES & SUGGESTIONS POUR LES RECHERCHES FUTURES ;
7) CONCLUSION & RECOMMANDATIONS (éléments de réponse à la question managériale).

3.1- CHOIX D'UN DOMAINE DE TRAVAIL

« Penchants personnels » : sensibilité à certains problèmes, manque d'intérêt pour d'autres domaines, influence de la formation et des expériences antérieures, ...

« Effet de mode » : thèmes jusqu'alors négligés, thèmes remis au goût du jour par l'actualité en général ou par des interrogations exprimées par des praticiens d'entreprise ou par des travaux d'autres chercheurs sur le domaine, ...

Le choix est d'abord une affaire personnelle.

Le directeur de recherche :

- *Peut* « signaler » certains thèmes (« porteurs », non « éphémères ») ....
- *Doit* évaluer les difficultés particulières inhérentes à certains domaines (où les concepts sont plus flous, où les systèmes de mesure sont plus délicats ...).

Mais c'est le chercheur qui va consacrer «sa vie » à lire, à réfléchir, à défendre des idées ... Sur ce thème.

C'est donc le chercheur qui doit choisir !

CHOIX D'UN DOMAINE DE TRAVAIL

    1) CRITERES de CHOIX :

« Penchants personnels »

« Effet de mode »

    2) QUI CHOISIT ?

Rôle du directeur de recherche :

- « Signaler »
- Évaluer les difficultés

Décision par le chercheur

3.2- EXPLORER LE DOMAINE

Sans doute n'existe-t-il plus de « domaine vierge » ! Aussi, le domaine de recherche choisi a certainement déjà été exploré par d'autres chercheurs … Tout travail de recherche s'inscrit donc, en fait, dans un « *continuum* ». Il doit être situé par rapport à ces réflexions antérieures. C'est pourquoi, le premier travail consiste à partir à la « découverte » de ces travaux antérieurs (recherche bibliographique et documentaire).

Cette « découverte », sera utilement orientée par une référence explicite aux principaux concepts qui structurent et précisent ce domaine : la vieille recommandation « bien définir les termes du sujet et ceux qui peuvent y être rattachés » reprend ici toute son importance !

Il serait absurde de croire qu'on puisse se passer de ces apports antérieurs : on ne peut tout « inventer » ; il faut savoir tirer parti des réflexions des autres …

Il serait tout aussi absurde de ne faire que « réinventer » ce que d'autres ont déjà établi, mesuré ou énoncé.

En même temps, il serait absurde de croire qu'on puisse ou que l'on doive « lire tout » …

En conséquence, il faut essayer de rendre « efficace » chaque « minute de lecture » en :

- − Sélectionnant ses textes,
- − Retenant l'essentiel.

La sélection suppose qu'on évite la lecture de « pavés » trop indigestes comme la lecture de textes qui se répètent (on se rend vite compte que certaines idées sont plusieurs fois reprises par différents auteurs …).

On s'orientera de préférence :

- − Vers des ouvrages ou articles à vocation synthétique (y compris certains « manuels »),
- − Vers des ouvrages où l'on ne se contente pas de décrire des données mais où il y a de l'analyse, des prises de position critique, des commentaires …. Qui « interpellent » et qui portent à réfléchir,
- − Vers des textes « fondateurs » qui ont ouvert des voies de recherches dont certaines n'ont peut-être pas encore été explorées.

- Retenir l'essentiel suppose une méthode de lecture qui fasse apparaître :

  - Les idées principales (questions posées et conclusions),
  - L'organisation des principaux raisonnements (structure du texte, de l'argumentation ...),
  - Les points concernant les méthodes (enquête, observation ...) utilisées pour aboutir aux conclusions.

Au final, il s'agira de constater que dans les écrits antérieurs subsistent des « zones d'ombre », des questions restées sans réponse, des cas non étudiés, des méthodes reconnues comme non totalement satisfaisantes, donc perfectibles .... C'est à partir de là que sera précisée la problématique.

Mais bien entendu, une recherche est, par définition, quelque chose qui «se cherche », c'est un cheminement. Autrement dit, il ne faut guère espérer être capable de formuler d'emblée et de façon définitive, son projet de recherche. Il est obligatoire qu'il y ait des hésitations, des errements, des retours en arrière, des remises en cause, des rectifications, des reformulations ...

EXPLORER LE DOMAINE

Le « continuum » de la recherche

La sélection des lectures

(Textes synthétiques et critiques)

Mémoriser l'essentiel

(Conclusions, structure des démonstrations, méthodes d'enquête)

Dégager des motifs de nouvelles recherches

(Zones d'ombre, points contestables)

3.3- DEFINIR UNE PROBLEMATIQUE

Il s'agit ici de bien définir l'objectif à atteindre, c'est à dire :

- De préciser la question centrale à laquelle on veut apporter réponse car elle n'est pas, à ce jour, correctement ou complètement résolue,
- De définir une « voie » par laquelle on pense pouvoir y apporter réponse.

La **question centrale** de la recherche doit être nettement précisée. Cette phase suppose un temps de préparation relativement important et suppose souvent le « filtre » de la critique des autres à qui on la présentera pour qu'ils y réagissent (« pour test ») en même temps que pour satisfaire leur curiosité.

Il est nécessaire, en effet, que la formulation devienne claire, non ambiguë et complète, tout en étant résumée en quelques mots seulement. Être capable d'exprimer de façon synthétique et intelligible :

- La question à résoudre,
- Et les raisons pour lesquelles elle a été retenue, est un exercice vraiment indispensable ....

Il servira de repère aux efforts, aux réflexions et aux hésitations ultérieures. Autrement dit, c'est la question centrale qui donnera unité et cohérence au travail du chercheur.

La problématique concerne également, **l'approche retenue ou la voie par laquelle on tentera de solutionner la question centrale.**

Par exemple, le comportement d'achat, peut-être approché selon plusieurs voies : psychologique, sociologique, financière, rationnelle, émotionnelle .... Chacune de ces approches peut être intéressante. Chacune renvoie à des repères théoriques différents (à la personnalité, à l'influence des groupes ou des leaders d'opinion, au pouvoir d'achat et aux conditions de crédit, aux critères de choix déterminants, aux influences des cinq sens, à l'impulsion ...).

Choisir sa problématique c'est, également, choisir l'angle sous lequel sera abordée la question centrale, autrement dit, c'est choisir les concepts et les théories qui inspireront l'analyse.

Dans ce choix, le chercheur sera guidé :

- Par ses connaissances antérieures (il hésitera à choisir l'approche psychologique, s'il ne connaît rien à ce domaine …),
- Par ses centres d'intérêt,
- Par une volonté d'efficacité (le cadre théorique choisi doit « convenir » à la question à résoudre et il ne doit pas poser trop de problèmes méthodologiques),
- Par un souci d'originalité (aborder le même problème mais dans une perspective inédite peut aider à produire des connaissances et des réponses nouvelles à la question centrale),
- Par un souci de « rester en gestion » sans glisser vers des approches « économiques », par exemple.

Ce dernier point mérite attention. Il ne s'agit point, bien entendu, de minorer l'importance des contributions de l'analyse économique aux sciences de gestion. Il s'agit simplement de rappeler :

- Que la problématique « gestionnaire » vise à servir la décision des responsables d'entreprises,
- Que l'objet de cette discipline est l'entreprise et non le secteur d'activité tout entier ou même l'économie de toute une région ou d'un pays.

Par exemple, il est très intéressant d'étudier l'impact des «35 heures » sur l'emploi, sur le chômage, sur la consommation ou, plus spécifiquement, sur la manière de « partir en vacances ».

Mais le gestionnaire, lui, doit traiter de la réorganisation du travail, des nouveaux modes de calcul des heures supplémentaires, des implications sur les plans d'embauche de cette nouvelle « donne », de l'adaptation de son offre aux nouveaux rythmes de consommation, etc. Au mieux, se servira-t-il des impacts macro-économiques (ceux-là même qu'auront analysé ses collègues « économistes ») comme « nouveau cadre pour la gestion des entreprises », comme facteurs à prendre en compte pour que les décisions des entreprises soient les plus « profitables » possibles !

Quoi qu'il en soit, le choix du cadre conceptuel et théorique (relations entre ces concepts) imposera le plus souvent des lectures complémentaires, et une reformulation de la question centrale compte tenu de la manière dont on a, finalement, choisi de l'aborder.

DEFINIR UNE PROBLEMATIQUE

1°) préciser la question centrale

(Quelques mots seulement) :

- Son contenu
- Son intérêt

Elle donne unité et cohérence au travail de recherche

2°) définir le cadre conceptuel et théorique

(Voie par laquelle on tentera de solutionner la question centrale)

Référence à :

- Connaissances antérieures,
- Centres d'intérêt,
- Efficacité,
- Originalité.

3°) Lectures complémentaires et reformulation de la question centrale.

HESITATIONS QUANT A LA QUESTION CENTRALE

« Mon projet n'est pas suffisamment au point pour rédiger la question centrale »

C'est justement le moment d'y consacrer le temps nécessaire !

« Je ne puis formuler qu'une question trop banale »

Tant pis, la question n'est jamais définitivement formulée …

Mais l'exprimer servira de guide pour mieux organiser mon travail et mes réflexions qui, pour l'instant s'éparpillent dans trop de directions différentes.

« *Une formulation aussi brève ne rend pas compte de toutes mes interrogations* »

C'est très possible,

Toutefois ces nombreuses idées seront réutilisées ensuite et rattachées à la question centrale,

Pour nuancer et compléter notre démonstration et nos réponses

(D'après R. QUIVY et al., 1995)

La figure 1 suivante illustre le processus de transformation du problème managérial

Fig. 1 : Le cadre conceptuel : un processus de transformation du problème managérial (: D'après J. Brisoux (1997)

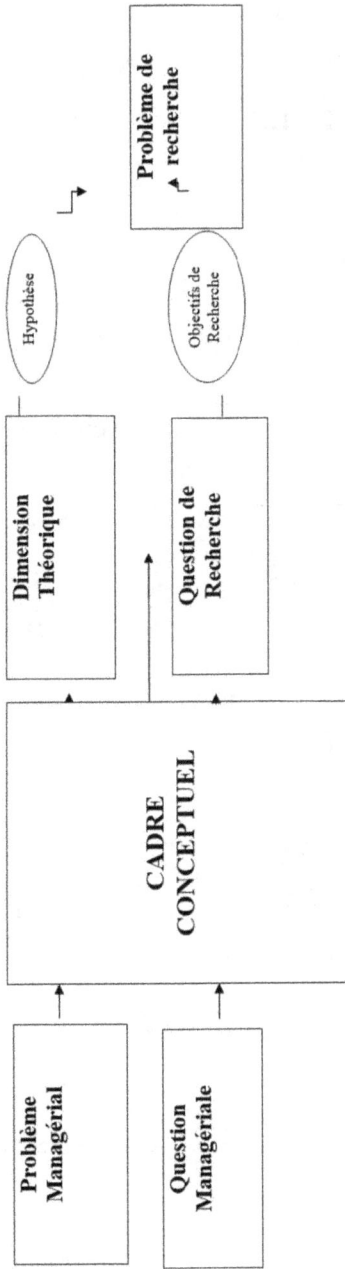

Problème de recherche

Hypothèse

Objectifs de Recherche

Dimension Théorique

Question de Recherche

CADRE CONCEPTUEL

Problème Managérial

Question Managériale

CHAPITRE IV

PANORAMA DES THEORIES DES ORGANISATIONS ET CHOIX D'UN MODELE D'ANALYSE

Voici une synthèse de quelques théories des organisations nécessaires à l'élaboration du cadre théorique consacré à la revue de la littérature.

4.1- PANORAMA DES THEORIES DES ORGANISATIONS

Théories	Principaux Auteurs
Ecole classique	Taylor ; Weber ; Fayol ; Ford…
Ecole des Relations Humaines	Mayo; Dickson & Rothlisberger; Maslow; Mac Gregor, Herzberg…
Ecole de la Décision	Simon ; Olsen ; Cyert & March
Dynamique de groupe	Lewin
Pouvoir	Lewin, Weber, Emerson, Homans…
Ecole Empirique	Drucker ; Gélinier…
Ecole des Dysfonctionnements bureaucratiques	Gouldner; Merton…
Ecole Sociotechnique	Emery & Trist
Théorie des systèmes	Von Bertallanfy; Boulding; ForresteR'''
Théorie Comportementale de la firme	Cyert & March
Théorie de la Contingence	Burns & Stalker; Woodward; Chandler Jr; Lawrence & Lorse
Corporate Culture	Schein
Analyse Stratégique	Crozier et Friedberg Jensen & Meckling
Théorie de l'Agence	Jensen & Meckling

Ecologie des Populations	Hannan & Freeman
Théorie de la Dépendance des Ressources	Pfeffer & Salancik
Théorie des conventions	Lewis
Théorie des Stakeholders	Freeman
Théorie des Ressources & des Compétences	Wernelfelt; Barney; Hamel & Prahalad'''
Théorie de l'Intendance	Dolnaldson & Preston
Théorie Evolutionniste	Nelson & Winter Argyris & Schön
Apprentissage Organisationnel	Argyris & Schön
Théorie néoinstitutionnelle	DiMaggio &Powell; Burger & Lackman; Scott
Upper Echelon Theory	Hambrick & Masson
Hypocrisie Organisationnelle	Brunsson
Théorie des Coûts de Transaction	Williamson
Théorie des Droits de Propriété	Alchian & Demsetz; Pejovich
Organisation Ambidextre	Duncan; McDonough et Leifer; O'Reilly; Levinthal

Tiré de Plane (2014)

4.2- VISUALISER UN MODELE D'ANALYSE

(VARIABLES ET RELATIONS HYPOTHETIQUES)

Il s'agit ici de traduire la problématique en un « modèle d'analyse ».

Ce modèle rassemble :

- − Les divers facteurs ou événements (dits « variables ») qui sont censées –compte tenu de la problématique retenue- interférer avec le phénomène étudié

- Les relations qui sont censées –compte tenu de la problématique retenue- les unir.

Une représentation schématique (donc visuelle) de ces relations hypothétiques est toujours souhaitable dans un souci de clarté.

A la base, un modèle exprime un lien entre une (ou plusieurs) « **variable(s) causale(s)** » **étudiée(s) à titre principal** et une (ou plusieurs) « **variable(s) résultat(s)** » (ou effet)**.**

Le choix des « variables » ou concepts principaux est largement influencé par les lectures effectuées dans la phase « exploration du domaine ».

Il dépend également de la problématique retenue. Par exemple, les variables psychologiques seront volontairement écartées de tout souci de mesure si le chercheur a opté pour une problématique de rationalité financière.

Au mieux, elles seront présentées comme des variables « intervenantes », c'est à dire qui intervienne conjointement aux variables causales étudiées à titre principal, mais dont on ne mesure pas directement ou principalement les effets propres. On les considère alors comme des « **variables modératrices** ».

Deux types de traitements peuvent être envisagés à leur propos. Ou bien on « bloque » ces variables lors de l'expérimentation, en conséquence, les « effets » mesurés ne sauraient leur être attribués. Ou bien, on les « contrôle », c'est à dire qu'on mesure l'effet de la variable causale considérée à titre principal, d'une part quand la variable modératrice est à « niveau 1 », d'autre part quand elle est à « niveau 2 ».

Ainsi, l'on pense en général, que les citadins sont davantage attirés par les nouveautés : la variable causale de l'attitude, principalement étudiée, est donc, dans ce cas, le lieu d'habitat. Mais si l'on pense que l'intensité de la tentation vis-à-vis des nouveautés peut-être également influencée par l'âge (« variable modératrice ») alors on pourra :

- Ou bien n'étudier qu'une population de jeunes et comparer les « ruraux » aux « urbains »
- Ou bien mesurer de façon séparée le niveau de tentation chez les « jeunes urbains », chez les « jeunes ruraux », chez les « moins jeunes urbains » et chez les « moins jeunes ruraux ».

Dans le premier cas on aura « bloqué » la variable « âge », dans le second on l'aura « contrôlée ».

On pourra aussi faire apparaître des variables **médiatrices.** Celles-ci subissent l'influencent de la cause et, à leur tour provoquent des effets mesurables sur la variable résultat. Il s'agit, alors, de rendre compte du fait que les mêmes causes peuvent provoquer des effets finaux différents selon la nature et l'ampleur des effets « intermédiaires ». On parvient alors à des modèles comportant davantage de niveaux (ou strates) entre les variables causales et les variables « effets ».

Une fois dressé l'inventaire des variables du modèle, il faut envisager les relations (hypothétiques) qui les unissent et les faire apparaître par des flèches sur le schéma qui le visualise.

VISUALISER UN MODELE D'ANALYSE

(VARIABLES ET RELATIONS HYPOTHETIQUES)

Modèle d'analyse =

Inventaire

Des diverses « variables » censées interférer avec le phénomène étudié

Et représentation schématique

Des relations qui sont censées les unir.

Ou

Modèle d'analyse =

Ensemble des relations hypothétiques unissant les variables retenues.

« Variable causale »

« Variable résultat »

« Variables modératrices »

« Variables médiatrices »

Quelques définitions

- **Concept**
- **Construit**
- **Définition conceptuelle**
- **Variables**

  - Dépendante
  - Indépendante
  - Modératrice
  - Intermédiaire
  - Contrôlée
  - Explicative

- **Théorie**
- **Hypothèse**

Concept

« Un ensemble de significations et de caractéristiques associées à un événement, un objet, une situation.

[…] C'est une abstraction que nous faisons de la réalité et que nous désignons par des mots comme étiquette. »

(Emory & Cooper, 1991)

Exemple : Une attitude

Construit

Une combinaison plus ou moins organisée de concepts.

Exemple : le modèle psychologique classique de l'attitude conceptualisant celle-ci en dimensions cognitive, affective et conative

Définition conceptuelle

C'est la façon selon laquelle nous définissons le concept.

Définition opérationnelle

C'est la façon selon laquelle nous définissons le concept en termes spécifiques, observables ou mesurables. Ces critères deviendront les questions de mesure.

Variables

Ce sont des concepts qui ont été opérationnalisés afin d'être étudiés.

Variable dépendante

C'est une variable qu'on essaie d'expliquer et qui dépend d'autres variables dites « indépendantes ».

Variable indépendante

C'est une variable qui peut expliquer une ou plusieurs autres variables dites « dépendantes ».

Variable modératrice

C'est une variable qui modère la relation entre les variables indépendantes et dépendantes.

Variable contrôlée

C'est une variable dont on tient compte dans une recherche en la contrôlant dès le départ.

Variable explicative

C'est une variable qui ne se mesure pas mais qui explique la relation observée entre des variables indépendantes et dépendantes.

Exemple :

Surtout chez les jeunes (variables modératrices), la semaine de quatre jours (variables indépendantes), si les salaires sont maintenus (variable intermédiaire), provoque une baisse d'absentéisme (variable dépendante), parce que les employés perdent plus en s'absentant dans un tel système (variable explicative), surtout parmi les ouvriers et techniciens qualifiés (variables contrôlées).

(Tiré de Emory, 1985)

4.3- FORMULER LES HYPOTHESES

Une hypothèse est une proposition qui anticipe une relation entre deux variables, c'est à dire entre deux concepts censés rendre compte du réel. C'est une sorte de pari, a priori logique, sur l'existence d'un lien entre deux phénomènes. Cette anticipation ne peut être tenue pour vraie : c'est une réponse, provisoirement donnée, à la question que l'on se pose.

« **L'hypothèse** est une proposition de réponse à la question posée. Elle tend à formuler une relation entre des faits significatifs [...] » (Grawitz, 1986).

« Une Hypothèse est une proposition conjecturale qui constitue une réponse possible à la question de recherche posée. Une hypothèse explicite donc les présupposés théoriques ou autres dont il s'agit de vérifier le bien-fondé, ou de démontrer la non-pertinence » (Lambin, 1990).

« [...] une hypothèse est la transposition directe d'une proposition théorique dans le monde empirique. Une hypothèse établit une relation qui peut être vérifiée empiriquement entre une cause et un effet supposé. Une hypothèse est donc un énoncé formel des relations attendues entre au moins une variable indépendante et une variable dépendante » (Contandriopoulos et al., 1990). (Fig.4.5.1. a)

« Les propositions ou hypothèses : ce sont des constructions définies au niveau empirique et dont les composantes sont définies de façon mesurables » (cousineau & Bastin, 1974).

« Hypothèses : les conséquences de nos **postulats*** théoriques soumises à des tests empiriques [...]. En science, nous raisonnons à partir de théories (Prémisses) pour tirer des hypothèses (conclusions), mais nous pouvons étudier la véracité des hypothèses uniquement [...] » (selltiz et al., 1976).

*Postulat : principe premier indémontrable, dont l'admission est nécessaire pour établir une démonstration ; ex : le postulat d'Euclide relatif à l'existence d'une seule droite passant par un point donné et parallèle à une autre (Larousse).

Elle appelle des mesures qui constateront si elle est vérifiée ou, au contraire infirmée.

La « bonne » hypothèse n'est pas celle qui se révélera vraie (vérifiée). C'est celle qui aura été formulée de manière :

- « Vérifiable », autrement dit, de manière suffisamment précise et claire pour que, après enquête, on puisse affirmer si elle est ou non en conformité avec le réel (par exemple, on évitera les hypothèses comportant une double proposition, car si l'une des deux est seulement vérifiée : que conclure à propos de l'hypothèse complète ?),
- « Non ambiguë » autrement dit de manière à permettre à d'autres chercheurs de tenter, à leur tour, sa vérification (par exemple, on évitera les propositions négatives toujours plus difficile à interpréter),
- D'une manière « falsifiable », autrement dit, de telle sorte que la proposition contraire pourrait, éventuellement aussi, être vérifiée (*).

Les hypothèses bien formulées vont se substituer à la problématique générale ou à la question centrale. Elles constituent les différentes facettes de la question centrale et serviront de fil conducteur à la suite de la recherche. En ce sens, elles serviront à sélectionner et à « donner du sens » aux observations qui seront recueillies.

Cette phase de confrontation de l'hypothèse avec les données de l'observation ou de l'expérimentation se nomme la « vérification empirique ».

(*) Karl Poper (La logique de la découverte scientifique, Payot, 1982) a attaché son nom à cette idée de falsifiabilité.

Un bon chercheur doit s'attendre à ce que, ce qu'il a établi (avec soin et sérieux) soit un jour remis en cause, ou bien car le réel aura évolué, ou bien car des facteurs, négligés par lui, jouent désormais un rôle non négligeable, ou bien car les méthodes d'investigations auront été perfectionnées. Il doit donc s'attendre à la remise en cause de ses « découvertes ».

Bien plus, il doit « préparer le terrain » de ces remises en cause probables en formulant de manière adéquate ses hypothèses. Ces dernières doivent être :

- Assez générales (non contingentes d'un lieu ou d'une époque), par exemple l'hypothèse «au temps de Louis XIV, X entraîne Y » peut difficilement être remise en cause …sauf à disposer d'informations jusqu'alors secrètes ! Au contraire l'hypothèse «X entraîne Y » justifie des tentatives de vérifications nouvelles, en d'autres lieux ou époques, et, donc, ouvre la possibilité de réfutations ultérieures ;
- « Inversable » dans une proposition contraire. Par exemple, l'hypothèse « plus on est riche, plus on est « innovateur » peut donner lieu à vérification de son inverse :»

Différents types d'hypothèses et de formulation :

- Hypothèse descriptive : il s'agit d'une proposition relative à l'existence, à la taille, à la forme ou à la distribution d'une variable donnée.

Exemple : le taux de chômage à Antananarivo est supérieur à x %.

Dans les recherches descriptives, on préfère souvent utiliser des questions de recherche plutôt que de formuler des hypothèses.

Exemple : Quel est le taux de chômage à Antananarivo ?

- Hypothèse relationnelle : il s'agit d'un énoncé décrivant la relation « corrélationnelle » ou « causale » entre deux variables relativement à des unités d'observation (« cas »).

Exemple : le poivre malgache est perçu par les consommateurs trifluviens comme étant de qualité supérieure aux autres poivres (variables : la qualité et le pays d'origine du poivre ; cas : les consommateurs trifluviens ; hypothèse corrélationnelle car on ne cherche pas à expliquer la cause).

[Adapté de Emory & Cooper, 1991]

Remarques :

Il n'y a pas de formulation unique des hypothèses.

La formulation peut dépendre de l'environnement social du chercheur (« le client » du projet), du domaine disciplinaire (marketing, finance, GRH, gestion des opérations, etc.), de son degré de développement théorique, des recherches antérieures sur le même thème, du champ d'application de la discipline, etc.

Dans le cas de recherche « Universitaire » ou fondamentale, il est coutume de formuler les hypothèses relationnelles sous la forme d'hypothèses nulles (et leurs « alternatives »).

FORMULER LES HYPOTHESES

Hypothèse = proposition qui anticipe une relation entre deux variables.

Elle appelle des mesures qui constateront si elle est vérifiée ou, au contraire infirmée.

Vérification empirique = confrontation de l'hypothèse avec les données de l'observation

FORMULATION :

- D'une manière « vérifiable » (précise et non ambiguë)
- D'une manière « falsifiable » (proposition contraire, éventuellement, vérifiée)

Les hypothèses se substituent momentanément à la problématique générale ou à la question centrale.

4.4- OPERATIONNALISER LE MODELE D'ANALYSE (SYSTEME DE MESURE ET D'OBSERVATION)

Toutes les « variables » du modèle correspondent à des concepts qui devront être caractérisés, repérés, mesurés grâce à des indicateurs.

Ces concepts sont souvent multidimensionnels (c'est à dire qu'ils comportent plusieurs facettes). Ils supposent alors que des mesures soient effectuées sur chacune de ces dimensions.

Un indicateur est une manifestation objectivement mesurable d'une dimension d'un concept.

Parfois l'indicateur est simple : la date de naissance est un excellent indicateur de l'âge ! Par contre, elle est un moins bon indicateur de l'état de forme physique ou mentale d'un individu.

Mais la plupart des concepts étudiés dans les sciences de gestion sont trop complexes pour être repérés ou caractérisés par un seul indicateur.

Par exemple, la qualité d'un vendeur, peut être repérée par le nombre des visites qu'il effectue, par son aptitude à bien cibler ses prospects, par sa bonne connaissance du produit proposé, par son amabilité, par sa ponctualité, etc. Bref, la mesure de sa « qualité » suppose le recours à une multitude d'indicateurs différents et tous révélateurs d'une partie de ce concept.

Pour effectuer la vérification empirique des hypothèses, il convient donc d'effectuer des mesures sur les indicateurs considérés comme pertinents par rapport aux concepts correspondants aux variables retenues dans le modèle.

Outre la définition de ces indicateurs, il conviendrait de prendre parti sur le mode de recueil des données qui serviront à la vérification empirique :

- Plan d'expérience : par exemple, définir des échantillons témoins et ceux qui seront soumis aux stimuli,
- Mode de constitution des échantillons,
- Mode d'observation (déclaratif, comportements réels, …)

OPERATIONNALISER LE MODELE D'ANALYSE (SYSTEME DE MESURE ET D'OBSERVATION)

Variable = concept (souvent multidimensionnel) mesuré grâce à des indicateurs

Indicateur = manifestation objectivement mesurable d'une dimension d'un concept,

- – Indicateur simple,
- – Indicateur multidimensionnel (échelles)

Vérification empirique des hypothèses :

- – Système de mesure : sur indicateurs pertinents,
- – Système de recueil des données.

CHAPITRE V

ANALYSER LES DONNEES RECUEILLIES

Pour tester la validité des hypothèses posées, il convient d'abord d'agréger les données recueillies.

L'agrégation suppose deux étapes :

- Synthétiser par une valeur unique l'ensemble des réponses fournies par les personnes interrogées sur un même indicateur (ex : on calcule le nombre moyen des visites effectuées par chacun des vendeurs),
- Synthétiser les réponses fournies sur tous les indicateurs considérés comme pertinents pour opérationnaliser un concept (ex : on mesure la qualité des vendeurs en prenant simultanément en compte l'évaluation moyenne du nombre de visites effectuées, de l'aptitude à bien cibler les prospects, de leur degré de connaissance du produit, de leur amabilité, de leur ponctualité, etc.)

Bien entendu, ces deux opérations de synthèse ont tendance à appauvrir l'information recueillie. C'est pourtant une étape « obligée ».

Dans un second temps il s'agira de tester :

- L'indépendance
- Ou le lien existant entre deux variables mesurées de cette façon (agrégée).

Recours à des analyses statistiques : tri à plat (fréquence d'apparition d'une réponse, moyenne, écart-type), tri croisé (corrélations, « qui-deux ») et, de plus en plus, analyse factorielle des correspondances (qui permet de visualiser et d'étudier les liaisons entre plusieurs dizaines de variables en même temps).

On pourra également recourir à des « analyses de contenu » (de discours ou d'entretiens semi-directifs)

ANALYSER LES DONNEES RECUEILLIES

1°) Agréger les données recueillies :

- Synthétiser par une valeur unique l'ensemble des réponses fournies par les personnes interrogées sur un même indicateur,
- Synthétiser les réponses fournies sur tous les indicateurs considérés comme pertinents pour opérationnaliser un concept.

2°) Tester :

- L'indépendance,
- Ou le lien existant entre deux variables mesurées de cette façon (agrégée).

3°) Moyens :

- Analyses statistiques quantitatives,
- Analyses de contenu.

5.1- L'identification des sources d'information

Après avoir dressé la liste des informations pertinentes, il faut se poser la question : « ces informations sont-elles déjà disponibles sous une forme ou sous une autre, ou faudra-t-il les générer par nous-mêmes »

On distingue deux grands types de données :

5.1.1- Les données primaires

Ce sont des données dont on a besoin pour atteindre les objectifs de la recherche mais qui n'existent pas sous une forme ou sous une autre au moment du projet. Il faudra donc les générer nous-mêmes en construisant les instruments de mesure appropriés pour en faire la collecte.

5.1.2- Les données secondaires

Ce sont des données dont on a besoin pour atteindre les objectifs de la recherche et qui sont déjà disponibles.

Les sources de données secondaires sont nombreuses et variées.

5.2- Le choix de l'approche et de la méthode de recherche

Une fois les informations pertinentes identifiées en vue de l'atteinte des objectifs de recherche à utiliser.

Si les objectifs et les hypothèses de recherche sont de type « causal », l'approche de recherche « causale » ou « expérimentale » (plans d'expérience) sera alors privilégiée.

Si les objectifs et les hypothèses recherche sont de type « descriptif » ou « relationnel », l'approche de recherche sera « descriptive » ou « corrélationnelle ». Il faudra alors utiliser les méthodes d'observation ou d'enquête.

5.3- La détermination de l'approche et de la méthode de recherche

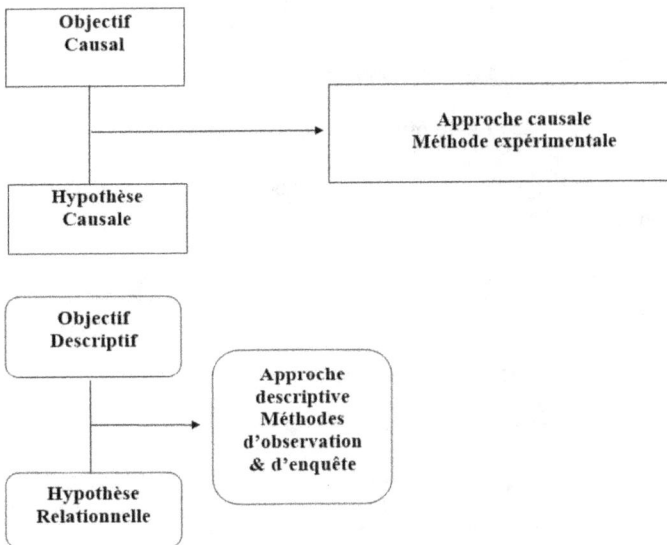

Fig. 2: Approches et méthodes de recherche

5.4- LE PROCESSUS D'ECHANTILLONAGE

La figure 3 ci-dessous présente le processus d'échantillonnage.

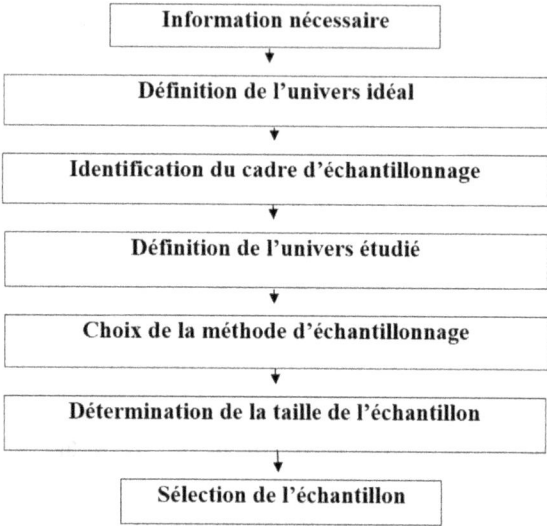

Information nécessaire
↓
Définition de l'univers idéal
↓
Identification du cadre d'échantillonnage
↓
Définition de l'univers étudié
↓
Choix de la méthode d'échantillonnage
↓
Détermination de la taille de l'échantillon
↓
Sélection de l'échantillon

Fig. 3 : Processus d'échantillonnage

La définition de l'univers idéal

L'univers idéal se compose de tous les éléments de la population cible pertinente à l'objet d'une recherche.

Définir l'univers idéal implique également de définir trois éléments correspondant à trois questions :

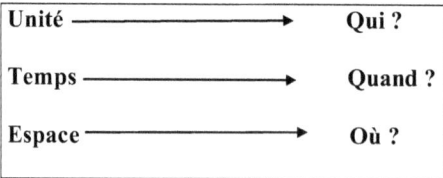

Unité ————————→	Qui ?
Temps ————————→	Quand ?
Espace ————————→	Où ?

L'unité d'échantillonnage peut être un individu ou un groupe d'individus, une organisation, un produit, etc. elle peut être assujettie à certaines conditions d'éligibilité.

Exemple : les individus ayant consommé au moins une petite bouteille de bière par semaine depuis un an.

5.4.1- L'identification du cadre d'échantillonnage et de l'univers étudié

Dans les faits, il est souvent très difficile, voire impossible, d'identifier les sujets composant l'univers idéal ou de communiquer avec eux.

Le chercheur est confronté à un certain nombre de contraintes qui l'obligent à choisir un échantillon à partir d'un univers différent de l'univers idéal, appelé univers « opérationnel » ou univers « étudié ».

Cet univers étudié dépend de la définition du cadre d'échantillonnage utilisé par le chercheur.

Le cadre d'échantillonnage est constitué de la liste des unités composant l'univers étudié, et à partir de laquelle l'échantillon sera tiré.

Exemple : la liste des acheteurs de billets de saison d'un théâtre.

Cette liste peut être existante ou non. Dans ce dernier cas, il faudra recourir à des procédures particulières, telles que l'utilisation du plan d'une ville, pour identifier la liste des rues des quartiers résidentiels desquelles on pourra tirer un échantillon de ménages.

Dans les cas des sondages téléphoniques, dans le cadre de certaines procédures, on utilise l'ordinateur afin de composer de façon aléatoire des numéros de téléphone (notamment ceux n'apparaissant pas dans l'annuaire téléphonique).

Idéalement, le cadre d'échantillonnage devrait coïncider exactement avec l'univers idéal.

En pratique, il n'existe pas de cadre d'échantillonnage parfait, et on observe des écarts entre la population cible et l'univers étudié. Ces écarts peuvent être positifs (présence d'unités ne faisant pas partie de l'univers idéal).

Fig.4 : Typologies d'univers

5.4.2- Le choix de la méthode d'échantillonnage

Choisir une méthode d'échantillonnage, c'est choisir la façon de sélectionner les unités de l'univers étudié qui doivent constituer l'échantillon.

On distingue deux principales méthodes d'échantillonnage : les méthodes non probabilistes et les méthodes probabilistes.

Lorsqu'un chercheur utilise une méthode non probabiliste d'échantillonnage, la probabilité de sélection de chaque unité est connue (mais pas nécessairement égale). La procédure utilisée est objective : elle vise à assurer la représentativité de l'échantillon et permet l'inférence statistique.

En pratique, les deux types de procédures sont utilisés, parfois de façon simultanée.

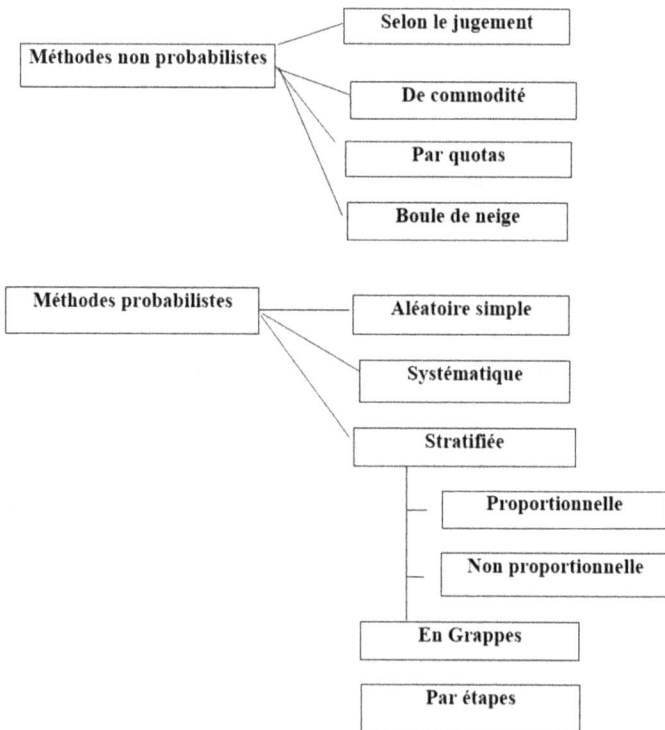

```
Méthodes non probabilistes ────── Selon le jugement
                          \
                           ──── De commodité
                            \
                             ── Par quotas
                              \
                               ─ Boule de neige

Méthodes probabilistes ────────── Aléatoire simple
                       \
                        ──── Systématique
                         \
                          ── Stratifiée
                                    ├─ Proportionnelle
                                    └─ Non proportionnelle
                             En Grappes
                             Par étapes
```

Fig.5 : Les méthodes d'échantillonnage

5.4.2.1- Les méthodes non probabilistes

L'échantillonnage selon le jugement ou « discrétionnaire »

Le chercheur qui a recours à cette méthode procède à la sélection des unités d'échantillonnage en fonction de critères qu'il juge pertinents à l'objet de l'étude.

Exemple : un directeur de marketing sélectionne un certain nombre de magasins qu'il juge représentatifs du marché.

L'échantillonnage de commodités ou «de convenance »

Le chercheur qui a recours à cette méthode sélectionne les unités d'échantillonnage en fonction de leur disponibilité.

Cette méthode peut être utilisée au cours d'études préliminaires ou exploratoires, ou encore lors du prétest d'un questionnaire d'enquête.

Exemple : lors du prétest de questionnaire, un enquêteur approche des répondants parmi les personnes fréquentant un centre commercial.

L'échantillonnage par quotas

Le chercheur qui a recours à cette méthode sélectionne les unités d'échantillonnage parmi certains sous-groupes de la population visée :

Le choix des unités d'échantillonnage se fait à partir de certaines caractéristiques dont on connaît la distribution dans la population étudiée, et à partir de laquelle on détermine leur répartition dans l'échantillon.

Le choix des personnes à interroger est laissé à l'initiative de l'enquêteur qui doit néanmoins respecter la répartition fixée.

Il s'agit donc de l'application de la méthode d'échantillonnage selon le jugement à plusieurs sous-groupes d'une même population.

Exemple : lors d'une étude, on demande à un enquêteur d'interroger 150 femmes et 140 hommes en respectant les groupes d'âge suivants :

	18-25	26-49	5.-65	66 et +
Hommes	60	35	25	20
Femmes	65	40	25	20

L'échantillonnage « boule de neige »

Lorsque le chercheur ne dispose pas de cadre d'échantillonnage, et qu'il désire communiquer avec les membres d'un réseau, il demande à un premier répondant d'en identifier d'autres avec lesquels il communiquera et qui, à leurs tours, en réfèreront d'autres.

Cette méthode s'apparente au principe sous-jacent aux chaînes de lettres ou aux ventes pyramides.

Exemple : lors d'une étude de marchés industriels, on veut identifier les membres qui interviennent dans la décision d'achat du matériel de bureautique, et on interroge d'abord les directeurs des approvisionnements qui nous réfèrent à d'autres intervenants.

Exemple : pour effectuer une étude auprès d'experts très spécialisés, on interroge un premier expert qui nous réfère à d'autres, etc.

5.4.2.2- Les méthodes probabilistes

Dans les méthodes probabilistes, il y'a 'échantillonnage aléatoire simple, l'échantillonnage systématique, l'échantillonnage stratifié, l'échantillonnage en grappes et l'échantillonnage en étapes.

L'échantillonnage aléatoire simple

Cette méthode implique l'existence d'un cadre d'échantillonnage identifiant la liste complète des unités de la population.

A partir de cette liste, le chercheur sélectionnera au hasard les unités d'échantillonnage (technique de l'urne ou du chapeau ; utilisation de table ou de générateurs de nombres aléatoires).

La probabilité de sélection de chaque unité est connue et égale.

En pratique, cette méthode est rarement utilisée pour les raisons suivantes :

- Le coût élevé relié à l'application de la méthode dans le cas d'une dispersion géographique importante des unités de la population ;
- La difficulté de disposer d'une liste complète des unités de l'univers étudié ;

– La méthode est souvent inefficiente du point de vue statistique (pour une même taille d'échantillon, une autre méthode peut fournir un estimé plus précis de l'erreur standard) ;
– La méthode engendre des difficultés d'administration (caractère fastidieux de la sélection de l'échantillon ; encadrement et contrôle plus difficile des enquêteurs en raison de la dispersion géographique éventuelle, etc.).

La méthode est toutefois appropriée dans les conditions suivantes :

– Lorsque la taille de l'univers étudié est petite ;
– Lorsque le coût d'application de la méthode est indépendant de la situation géographique des unités de la population étudiée ;
– Lorsqu'on ne dispose d'aucune autre information que la liste constituant le cadre d'échantillonnage.

L'échantillonnage systématique

Cette méthode présente l'avantage d'être plus simple et plus rapide à exécuter que la méthode d'échantillonnage aléatoire simple, tout en étant aussi valide.

La procédure est la suivante :

– On détermine la taille de l'échantillon (n) dont on a besoin ;
– On détermine le nombre total d'unités (N) faisant partie du cadre d'échantillonnage (il est possible d'utiliser une unité de longueur lorsque la liste des entrées est très longue, comme dans le cas de l'annuaire téléphonique) ;
– On détermine le pas de sondage (P) nécessaire afin que le tirage couvre l'ensemble de la liste utilisée (P=N/n) ;
– On tire au hasard (méthode aléatoire simple) un nombre compris entre 1 et P qui sera le point de départ de l'addition systématique du pas de sondage.

La méthode d'échantillonnage systématique donne d'aussi bons résultats que la méthode aléatoire simple. Une condition doit toutefois être respectée : il faut que la liste utilisée ne comporte pas de périodicité qui pourrait coïncider avec le pas de sondage calculé.

Si la liste utilisée est ordonnée par rapport à la variable étudiée, l'estimation fournie par cette méthode sera plus précise que par la précédente.

Exemple : le chercheur dispose d'une liste de 10 000 noms de clients d'une entreprise et désire procéder à un tirage de 100. Le pas de sondage sera donc 100 (c'est-à-dire : 10 000/100)

Si le tirage d'un nombre au hasard entre 1 et 100 donne le nombre 12, le chercheur interrogera le nom du client correspondant au 12e sur la liste, puis les 112e, 212e, 312e, 412e, etc.

L'échantillonnage stratifié

Lorsque la population étudiée peut être subdivisée en sous-groupes qui diffèrent par rapport à la variable étudiée, il est possible d'augmenter la précision de l'estimation en utilisant une procédure de stratification.

Cette méthode d'échantillonnage présente l'avantage d'être statistiquement efficiente lorsque les sous-groupes sont homogènes à l'intérieur et hétérogènes entre eux, soit lorsque la variante inter-groupes est grande et la variante intra-groupe est petite.

La procédure est la suivante :

- A l'aide d'une variable de stratification, on subdivise la population en sous-groupes ou en « strates » mutuellement exclusives et exhaustives ;
- On tire un échantillon aléatoire de taille fixée dans chaque strate ;
- Pour établir l'estimation finale, on agrège les résultats obtenus dans les différentes strates en tenant compte de leurs tailles relatives dans la population.

La taille de l'échantillon global peut être répartie dans les différentes strates de façon proportionnelle ou non à la population. C'est ce qu'on appelle un échantillon stratifié proportionnel ou non proportionnel.

L'utilisation d'un échantillon stratifié non proportionnel est pertinente lorsque la variance intra-groupe varie beaucoup d'une strate à l'autre.

Si la variance à l'intérieur d'une strate donnée est élevée, on devra faire plus d'observations que le nombre suggéré par l'importance de la strate. De même, si elle est faible, on pourra se contenter d'un nombre plus petit (à la limite, en cas de variance (intra) nulle, une seule observation suffit à estimer la vraie valeur à l'intérieur de la strate).

Exemple : la responsable du département de recherche d'une chaîne de 500 magasins d'alimentation veut estimer le linéaire moyen accordé aux marques de bière importée.

Elle dispose d'un budget lui permettant d'effectuer des mesures sur le terrain dans 50 magasins.

Dans la mesure où elle sait qu'il existe de fortes variations de ce linéaire d'un magasin à l'autre, notamment entre les petites, les moyennes et les grandes surfaces, l'utilisation d'une méthode d'échantillonnage aléatoire simple ou systématique ne permettrait pas d'estimation très précises.

En stratifiant la population selon la taille des magasins, soit les petits, les moyens et les grands, elle augmentera la précision de l'estimation puisque, par expérience, elle sait que les variations sont importantes entre les trois groupes (variance inter grande) et qu'elles sont faibles à l'intérieur de chacun d'eux (variance intra petite).

L'utilisation d'une procédure d'échantillonnage stratifié proportionnel est donc pertinente.

Si, par expérience, elle sait qu'il existe d'importantes variations à l'intérieur du groupe des grandes surfaces, l'utilisation d'un tirage non proportionnel serait plus opportune.

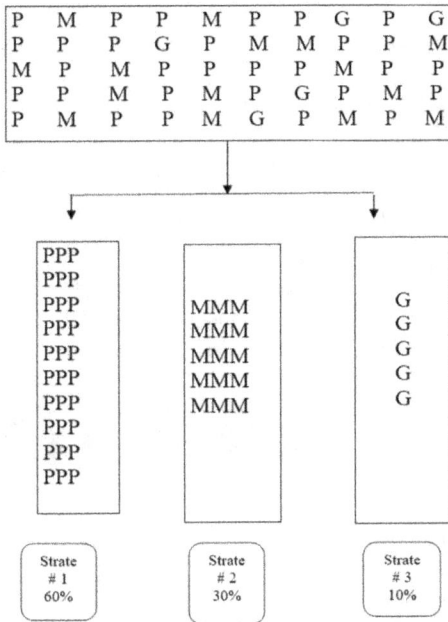

Fig. 6 : Population : 500 magasins

L'échantillonnage en grappes

Cette méthode est pratique lorsque le cadre d'échantillonnage dont on dispose ne permet pas l'identification complète ou détaillée des unités de la population, mais plutôt celle de sous-groupes d'unités.

La procédure est la suivante :

- On subdivise la population en sous-groupes d'éléments appelés « grappes » mutuellement exclusives et exhaustives ;
- On sélectionne de façon aléatoire des grappes parmi l'univers des grappes ;
- Dans chaque grappe tirée au hasard, on sélectionne toutes les unités.

Cette procédure est valide dans la mesure où les grappes formant la population étudiée sont homogènes entre elles (variance inter petite) et hétérogènes à l'intérieur (variance intra grande).

Exemple : on veut effectuer une enquête auprès de 50 magasins d'alimentation parmi les 500 d'une ville donnée mais dont on ne possède pas les adresses.

Une façon d'appliquer la méthode d'échantillonnage par grappes consistait à :

- Découper la ville en quartiers ou en blocs de taille comparable ;
- Sélectionner 5 quartiers de façon aléatoire ;
- Effectuer l'enquête dans tous les magasins composants chacun des quartiers retenus.

(Voir la figure à la page suivante)

La précision relative de cette méthode d'échantillonnage peut être comparée à celle de la méthode aléatoire simple et dépend donc de la variance dans la population étudiée.

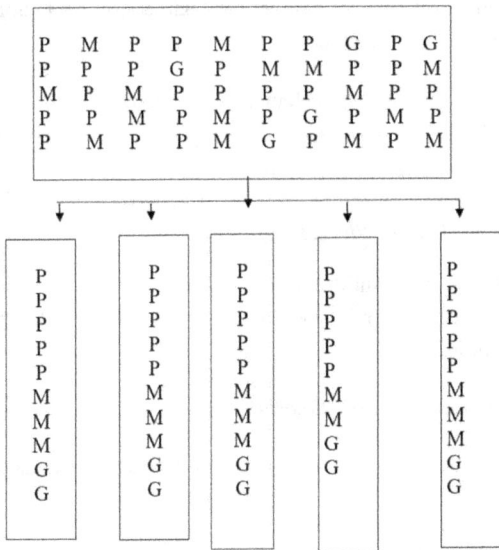

P	M	P	P	M	P	P	G	P	G
P	P	P	G	P	M	M	P	P	M
M	P	M	P	P	P	P	M	P	P
P	P	M	P	M	P	G	P	M	P
P	M	P	P	M	G	P	M	P	M

P	P	P	P	P
P	P	P	P	P
P	P	P	P	P
P	P	P	P	P
P	P	P	P	P
M	M	M	M	M
M	M	M	M	M
M	M	M	G	M
G	G	G	G	G
G	G	G		G

Fig.7 : Population : 500 magasins

L'échantillonnage en étapes

Cette méthode est une variante de la précédente et s'applique donc aux situations où le cadre d'échantillonnage dont on dispose ne permet pas l'identification complète ou détaillée des unités de la population, mais plutôt celle de sous-groupes d'unités.

La procédure est la même que pour l'échantillonnage par grappes à une exception près : au lieu de sélectionner toutes les unités des grappes sélectionnées, on en sélectionne aléatoirement un échantillon.

Cette méthode d'échantillonnage est moins précise que la précédente en raison de la présence de deux sources d'erreurs d'échantillonnage : la première liée au tirage des grappes, et la seconde, à celui des unités à l'intérieur des grappes.

Dans toute enquête ou sondage, le chercheur est confronté à deux types d'erreurs : l'erreur d'échantillonnage et l'erreur systématique.

L'erreur d'échantillonnage est probabiliste. Elle correspond à la différence entre la valeur réelle du paramètre (comme la moyenne des revenus) d'une population qui pourrait être déterminée par un recensement exhaustif et la valeur observée dans un échantillon aléatoire. Cette erreur dépend de la taille de l'échantillon.

L'erreur systématique est non probabiliste et, par conséquent, non estimable. Les différentes sources d'erreur systématique sont :

- La non-couverture de certains éléments de la population ;
- Les erreurs de non-réponse (absence du répondant, refus de répondre, etc.) ;
- Les erreurs de mesure (cf. le module 5).

5.4.3- La détermination de la taille de l'échantillon

Une fois la méthode d'échantillonnage choisie, on doit déterminer la taille de l'échantillon, c'est-à-dire fixer le nombre d'unités de la population étudiée devant constituer l'échantillon.

5.3.3.1- Détermination de la taille théorique d'un échantillon probabiliste

La détermination de la taille théorique d'un échantillon découle de la théorie statistique de l'échantillonnage.

Pour comprendre cette théorie, il faut distinguer clairement les trois distributions suivantes :

- La distribution de la population ;
- La distribution de l'échantillon ;
- La distribution de l'échantillonnage.

Rappels :

- La distribution de la population correspond à la répartition de la caractéristique qui intéresse le chercheur dans l'univers étudié (les statistiques descriptives comme le mode, la moyenne et l'écart-type sont des paramètres qui représentent les valeurs réelles de cet univers) ;
- La distribution de l'échantillon correspond à la façon dont se répartissent les valeurs de cette caractéristique dans l'échantillon qui a été tiré ;
- La distribution de l'échantillonnage correspond à la façon dont se répartissent les statistiques descriptives résumant les informations contenues dans l'ensemble des échantillons d'une même taille qu'il est possible de tirer dans la population étudiée.

La distribution d'échantillonnage de la moyenne (et d'autres paramètres que la moyenne), possède des propriétés importantes sur la base desquelles repose le calcul de la taille théorique d'un échantillon, lorsque les échantillons sont tirés de façon aléatoire et de taille suffisante (en pratique, au moins 30).

Ces propriétés sont les suivantes :

- Elle suit approximativement une loi normale ;
- Elle a une moyenne égale à celle de la population ;
- Elle a un écart-type égal à celui de la population divisée par la racine carrée de la taille de l'échantillon.

Les propriétés de la loi normale font en sorte qu'il est possible, à un seuil de signification donné (exemple : 1% ou 5%), de calculer un intervalle duquel on peut être confiant que se situe la vraie valeur du paramètre estimé.

Le calcul de la taille théorique d'un échantillon probabiliste dépend donc de trois éléments qu'il est nécessaire de préciser :

- **Le niveau de confiance** (exemple : 95%) ou le seuil de signification correspondant exigé (exemple : 5%) ;
- **Le niveau de précision recherché** ou l'erreur tolérable dans l'estimation

(Exemple : on tolère une erreur de deux bouteilles de bière dans l'estimation de la consommation moyenne per capita);

- **L'estimé de l'écart-type de la population étudiée.**

Dans les faits, on peut estimer l'écart-type de la population étudiée de différentes façons :

En effectuant une étude pilote ;

- Si on connait les valeurs maximales et minimales de la variable étudiée, en divisant leur différence par six (on sait que, dans une distribution normale, il y a 3 écarts-types de part et d'autre de la moyenne);
- Dans le cas de proportions, le calcul s'effectue en posant l'hypothèse de 50% (qui correspond à la taille maximale d'un échantillon pour une précision et un seuil de confiance donnés).

En pratique, on distingue le cas des variables (exemple : la consommation moyenne de bière per capita) de celui des proportions (exemple : le pourcentage de femmes qui consomment de la bière).

Rappels des expressions permettant de calculer un intervalle de confiance et de dériver la taille théorique d'un échantillon probabiliste (dans l'hypothèse d'une taille de population considérée comme infinie par rapport à celle de l'échantillon).

Cas des variables :

Moyenne de l'échantillon +/-[(Zα) *(l'écart-type de la distribution d'échantillonnage)].

Zα est une constante extraite de la table de la loi normale centrée réduite qui dépend du seuil de signification retenu.

Les valeurs de Zα les plus utilisées sont les suivantes :

- 2,57 pour un seuil de 1% ;
- 1,96 pour un seuil de 5% ;
- 1,64 pour un seuil de 10%.

L'écart-type de la distribution d'échantillonnage est égal à l'écart-type de l'échantillonnage divisé par la racine carrée de la taille de l'échantillon.

Cas des proportions :

Proportion observée dans l'échantillonnage +/-[(Zα) *(l'écart-type de la distribution d'échantillonnage)].

L'écart-type de la distribution d'échantillonnage est égal à la racine carrée du produit de la proportion observée (p) dans l'échantillon par la proportion complémentaire (1-p) divisé par la taille de l'échantillon.

Dans un cas comme dans l'autre, si la taille de l'échantillon représente plus de 20% de la taille de la population, les formules indiquées surestiment la taille requise. On utilise alors un facteur de correction pour population finie.

5.4.3.2- Détermination pratique de la taille d'un échantillon

En pratique, la détermination de la taille d'un échantillon est soumise à un certain nombre de contraintes qui font en sorte que les formules de calcul de la taille théorique ne sont pas souvent appliquées.

La principale contrainte est le budget disponible pour l'étude.

Les chercheurs se limitent donc souvent au calcul des intervalles de confiance ou s'en remettent à des tableaux leur indiquant les taux de variations de l'erreur de l'échantillonnage.

5.5- Les méthodes de collecte des données

Ces méthodes concernent la collecte des données secondaires et celle de la collecte des données primaires.

5.5.1- La collecte des données secondaires

Rappelons que les données secondaires sont des données dont on a besoin pour atteindre les objectifs de la recherche et qui sont déjà disponibles.

Les sources de données secondaires sont nombreuses et variées. La collecte des données secondaires pertinentes à toute étude doit donc se faire de façon systématique en consultant les principales sources disponibles.

Comme ces données ont été recueillies par d'autres, il est important d'évaluer leur qualité, en appréciant les instruments et les méthodes utilisées pour les mesurer et les recueillir.

Les sources de données secondaires peuvent être internes ou externes.

Depuis les années 70, les progrès techniques ont permis le développement de banques ou de bases de données accessibles par ordinateur facilitant la recherche systématique de ce type de données.

Sources internes de données secondaires :

- Les données comptables et financières ;
- Les rapports de ventes ;
- Les rapports annuels ;
- Les études de marché antérieures ;
- Le réseau de vigie interne (à l'affût d'informations sur la concurrence, etc.).

Sources externes de données secondaires :

- Les publications gouvernementales et paragouvernementales ;
- Les publications spécialisées ;

- Les associations professionnelles (Confédération Patronale gabonaise par exemple) ;
- Les périodiques et quotidiens ;
- Les rapports annuels ;
- Les études privées ;
- Les bottins ;
- Les bulletins (banques etc.);
- Les livres et les thèses, etc.

Exemple :

Sources externes de données secondaires canadiennes

- Publications gouvernementales et paragouvernementales (**Fédéral**)

(Possibilité de repérage par l'utilisation de l'index des statistiques du canada, publié annuellement par micromédia Limited (Toronto)

- Statistique Canada (catalogues, microfiches, banques de données)

  - Le catalogue de Statistique Canada (mise à jour annuelle)
  - Le système canadien d'information socio-économique (CANSIM)
  - Recensement du Canada (quinquennal)
  - Recueil Statistique des études de marché.
  - Annuaire du Canada (Publication bisannuelle).
  - Revue statistique du Canada, etc.

- Ministère de l'industrie et du commerce

  - Bulletin des produits nouveaux (mensuel).
  - Commerce Canada (mensuel).
  - Marchés pour l'exportation canadienne.
  - Rendement du commerce canadien (publication annuelle), etc.

- Publication gouvernementales et paragouvernementales (Québec)

(Possibilité de repérage par l'utilisation de l'index des statistiques du canada, publié annuellement par micromédia Limited (Toronto)

- Le Bureau de la statistique du Québec (BSQ)

- Annuaire du Québec (annuel)
- La situation démographique au Québec (publication annuelle)
- La situation économique au Québec (publication annuelle)
- Répertoire des publications statistiques du gouvernement
- Revue statistique du Québec (publication annuelle)

- L'Institut de recherche et d'information sur les économies canadiennes et québécoises

  - Relevés des principales prévisions sur les économies canadiennes et québécoises (publication trimestrielle)

- Le ministère de l'Industrie, du Commerce et de la Technologie

  - Diverses publications à diffusion plus restreintes portant sur certains secteurs industriels ou commerciaux

- Centre de recherche industrielle du Québec (CRIQ)

  - Le répertoire des produits fabriqués au Québec

- Et aux autres publications

- Publications spécialisées

  - Québec Construction
  - Journal of Marketing ou Revue africaine de Management ou de gestion (RAM, RAG), Revue Internationale des Sciences des organisations (RISO)....
  - Canadian Advertising Rates and Data
  - Canadian Trade Index (Association des Manufacturiers)
  - Moody's Industrial Manual
  - Standard & poor's Register of corporations and Executive, etc.

- Associations Professionnelles

  - American Marketing Association
  - L'ordre des comptables agréés

- Périodiques & quotidiens

  - Business Week
  - Les Affaires
  - La revue Commerce ou de la Chambre de Commerce du Gabon
  - Fortune
  - La presse
  - The Wall Street Journal

- Rapports annuels

  - Bombardier
  - Bell

- Etudes privées

  - SORECOM

- Bottins

  - Bell Canada
  - Association Internationale du Magnésium
  - Bottin de sous-traitance (CEDIC)

- Bulletins

  - Banque de Montréal
  - BNP, BGFIBank, BICIG, UGB, Orabank, UBA Gabon....

- Livres et thèses

5.5.2- *La collecte des données primaires*

Rappelons que les données primaires sont des données dont on a besoin et qui n'existent pas sous une forme ou sous une autre au moment du projet. Il faudra donc les générer nous-mêmes en construisant les instruments de mesure appropriés pour en faire la collecte.

Ces données peuvent être recueillies de façon continue (coupe longitudinale), comme dans le cas de panels de consommateurs par exemple, ou de façon ponctuelle (coupe instantanée), comme dans le cas d'une enquête auprès des utilisateurs d'une route particulière.

Les sources de données primaires sont nombreuses. Elles peuvent être des individus (consommateurs, détaillants, vendeurs, etc.), des groupes d'individus (équipe de vendeurs, etc.) ou des organisations (entreprises, ministères, etc.).

Pour recueillir des données primaires, on peut avoir recours aux deux grands types de méthodes : celles impliquant une interaction avec l'observé, et celles basées sur l'observation.

Dans les deux cas, l'approche peut être qualitative ou quantitative.

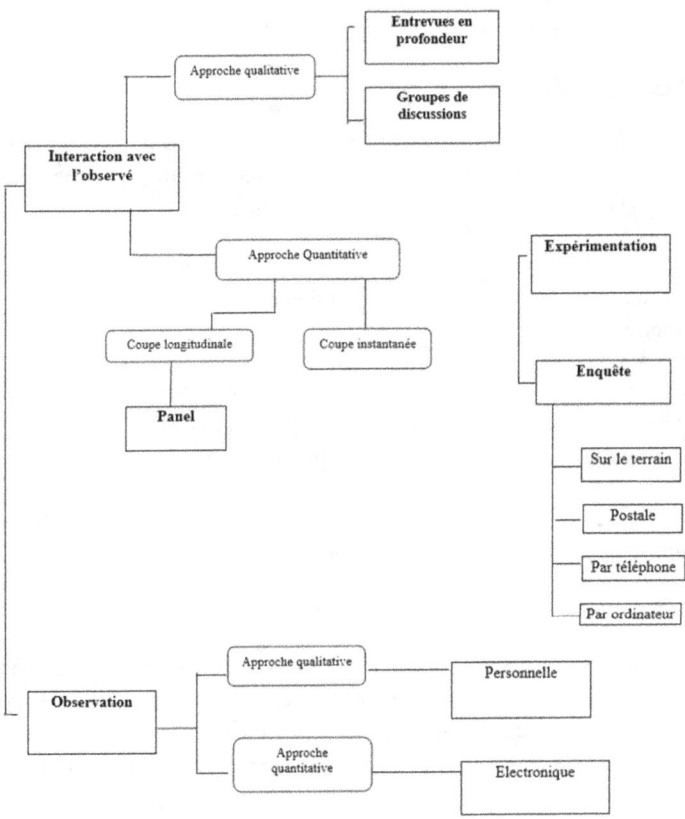

Fig.8: Approches qualitative et quantitative

5.6- Les critères de choix d'une méthode de collecte de données

Les principaux critères de choix d'une méthode de collecte de données sont les suivants :

- Le coût d'utilisation ;
- Le nombre et la nature des données à recueillir ;
- Le taux de réponse ;
- La souplesse de la méthode (adaptation aux situations rencontrées);
- La rapidité ;
- La précision de l'information à recueillir ;
- La dispersion géographique des unités d'échantillonnage ;
- Le contrôle (de l'échantillon, des données, etc.).

5.6.1- Les sources d'erreurs

Malgré tout le soin qui a pu être apporté à la planification et à la réalisation d'une collecte de données, les sources d'erreur sont nombreuses. Ces sources peuvent affecter autant la qualité des données secondaires que celles des données primaires.

Outre l'erreur d'échantillonnage (cf. module 7) qu'il est possible de contrôler dans le cas de l'utilisation d'une méthode d'échantillonnage probabiliste, il faut tenir compte des possibilités d'erreur de types suivants :

- L'erreur de couverture, due au fait que l'univers idéal et l'univers étudié ne correspondent pas exactement (ajout ou retrait de certains éléments);
- L'erreur de non-réponse, due au fait qu'il n'est pas toujours possible de

Rejoindre toutes les unités d'échantillonnage, ou que celles-ci acceptent de fournir l'information recherchée ;

- L'erreur de mesure, due au fait que les instruments de mesure ne sont pas

Parfaitement fidèles et valides (cf. le module 5) et que, dans le cas d'enquêtes par entrevue personnelle, les intervicwers et les répondants commettent des erreurs de codage et de décodage des questions et des réponses, ou encore qu'ils falsifient délibérément les données (triche de l'enquêteur ou mensonge du répondant).

```
                    ┌─────────────────────────┐
                    │       Interviewé        │
                    └─────────────────────────┘
        Décodage    ▲                 │ Codage
                    │                 ▼
        Codage                          Décodage

                    ┌─────────────────────────┐
                    │       Interviewer       │
                    └─────────────────────────┘
        Décodage    ▲                 │ Codage
                    │                 ▼
        Codage                          Décodage
                    ┌─────────────────────────┐
                    │        Chercheur        │
                    └─────────────────────────┘
```

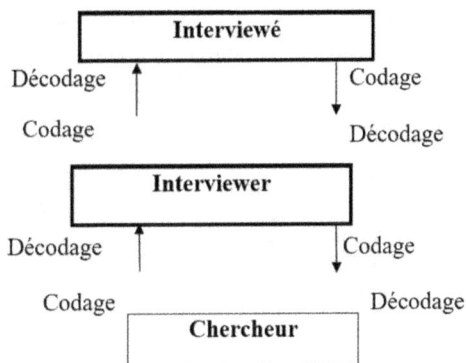

Fig.9: Processus de collecte des données

5.6.2- La formation des ressources humaines

Afin de minimiser les erreurs de couverture, de non-réponse, de codage et de décodage, il est important de bien former les ressources humaines qui seront affectées à la collecte des données. Ceci est particulièrement important dans le cas d'entrevues personnelles.

L'interaction entre un chercheur et un enquêteur ainsi que celle entre ce dernier et un interviewé implique un processus de communication analogue à celui entre un vendeur et son client.

Ce processus implique un émetteur, un récepteur et un message (les questions posées, les réponses, et leur transcription).

Pour que la communication soit efficace, il faut qu'elle respecte les champs d'expérience respectifs de l'émetteur et du récepteur.

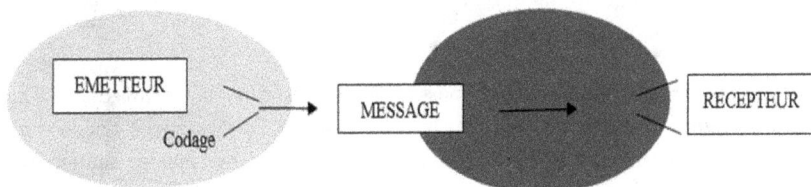

```
   ┌──────────┐              ┌──────────┐              ┌──────────┐
   │ EMETTEUR │ ───────►     │ MESSAGE  │  ──────►     │ RECEPTEUR│
   └──────────┘              └──────────┘              └──────────┘
        Codage
```

Fig.10: Processus de communication

Les champs d'expérience d'un chercheur, d'un enquêteur et des répondants à une enquête peuvent être très différents. Contrairement à celui de l'enquêteur, le champ d'expérience du chercheur est habituellement technique et professionnel.

L'objectif d'un programme de formation est de s'assurer que chaque intervenant du processus soit « sur la même longueur d'onde », en parlant le même langage et en utilisant les mêmes normes de codage et de décodage des messages.

Le programme de formation doit donner aux enquêteurs des informations à la fois écrites et orales sur les modalités de la collecte des données. Les éléments suivants doivent être abordés :

- La sélection des personnes à interroger (respect du plan d'échantillonnage) ;
- L'approche à utiliser pour établir le contact avec la personne sélectionnée ;
- La ou les période(s) propice(s) à ce contact ;
- Les instructions à suivre en cas d'absence du répondant (nombre de rappels, etc. ;
- La bonne compréhension des questions, des réponses et des commentaires ;
- La transcription des réponses, etc.

L'utilisation des mises en situation avec les candidats enquêteurs permet de simuler les entrevues et de déceler les difficultés auxquelles il faudra apporter une attention particulière. Il est prudent également de faire administrer quelques entrevues pilotes.

5.6.3- L'encadrement et l'assistance technique

Outre un programme de formation, il faut prévoir des dispositifs d'encadrement et d'assistance technique destinés aux enquêteurs.

Lors de toute enquête, il peut survenir des changements soudains dans l'environnement (comme, par exemple, lors d'une étude auprès des consommateurs de bière, la mise sur le marché d'une nouvelle marque) qui font en sorte qu'il faudrait ajuster certains éléments ou modalités de celle-ci.

La présence de superviseurs et la possibilité d'utiliser un dispositif d'assistance technique comme, par exemple, l'accès à un système de dépannage téléphonique auprès d'un expert, fournissent à l'équipe d'enquêteurs les éléments de soutien et de motivation nécessaires au succès de la collecte de données.

La possibilité, pour le répondant, de communiquer facilement avec une personne responsable de l'étude peut la rassurer et l'inciter à y participer.

5.6.4- Le contrôle

Un dispositif de contrôle de la qualité du travail des enquêteurs permet d'apprécier leur rendement et la validité des données recueillies.

Plusieurs méthodes sont possibles :

- Le rappel téléphonique d'un certain pourcentage d'interviewés afin de vérifier la concordance entre l'unité d'échantillonnage sélectionnée et la personne interrogée, les conditions de réalisation de l'entrevue, la méthode utilisée, etc. ;
- L'envoi d'une carte réponse port payé invitant le répondant à répondre à quelques questions de contrôle ;
- L'analyse des distributions de réponses par enquêteur, qui permet de déceler les biais introduits par certains.

CHAPITRE VI

LE TRAITEMENT ET L'ANALYSE DES DONNEES

6.1- L'interprétation des résultats (rétroversion).

6.2- L'identification des limites de la recherche.

6.3- La formulation des suggestions concernant les recherches futures.

6.4- La formulation de la conclusion et des recommandations.

6.5- Le contenu et la présentation du rapport de recherche.

6.1- Le traitement et l'analyse des données

6.1.1- Les étapes de processus

Une fois la collecte des données terminée, le chercheur est confronté au problème du traitement et de l'analyse de ces données.

Dans le domaine des sciences humaines, les données recueillies sont souvent très volumineuses, en raison de la taille des échantillons et du nombre élevé de variables.

Il faut donc avoir recours à des procédures systématiques permettant de résumer les données recueillies et d'en extraire les informations pour les analyser et les interpréter.

DONNEES ⟶ **INFORMATIONS**

Les principales étapes du processus comprennent celles de la préparation et de l'organisation des données brutes, de leur saisie, de leur traitement, de leur analyse et de leur interprétation.

Les étapes du processus

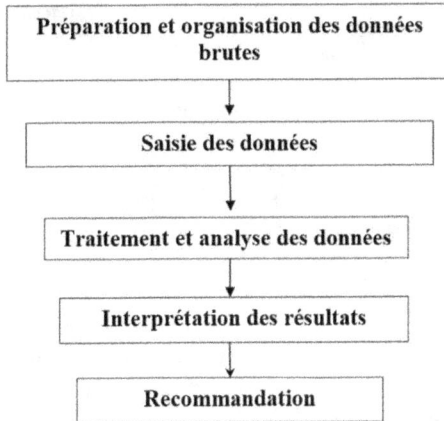

Préparation et organisation des données brutes

↓

Saisie des données

↓

Traitement et analyse des données

↓

Interprétation des résultats

↓

Recommandation

Fig.11: Etapes du traitement des données

6.1.2- Préparation et organisation des données brutes

– Vérification des questionnaires

  – Incomplets
  – Rejets

– Codification

  – Questions ouvertes
  – Données manquantes

– Classification a priori des catégories de répondants

  – Dirigeants, dirigeantes/ Subalternes
  – Clients réguliers/ clients occasionnels
  – Autres…

– Construction de la matrice des données : création du fichier de données

6.1.2.1- *Préparation et organisation des données brutes*

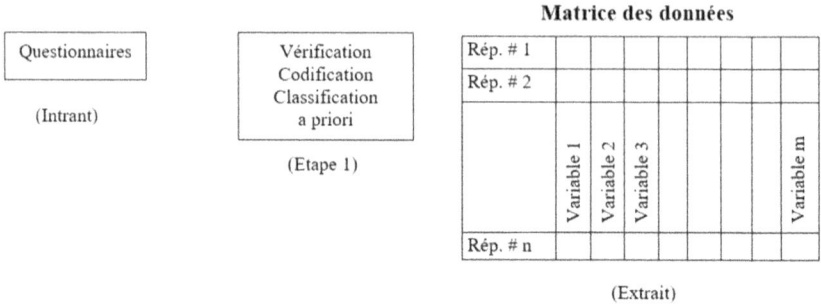

Matrice des données

Questionnaires	Vérification
	Codification
(Intrant)	Classification
	a priori
	(Etape 1)

	Variable 1	Variable 2	Variable 3		Variable m
Rép. # 1					
Rép. # 2					
Rép. # n					

(Extrait)

Il s'agit de l'étape de l'introduction de la matrice de données dans un ordinateur. La saisie peut être manuelle (par l'intermédiaire d'un clavier) ou automatique (sans l'intervention d'un opérateur).

6.1.2.2- *Traitement et analyse des données*

L'approche utilisée peut être qualitative ou quantitative. Avant tout traitement et analyse de type quantitatif, le chercheur doit répondre à quatre grandes questions reliées aux éléments suivants :

– Le nombre de variables à prendre en compte dans l'analyse (une seule

Variable, deux ou plus de deux ?) ;

– Les objectifs de l'analyse (inférence, description ou explication ?) ;
– La nature de l'échantillon (probabiliste ou non ?) ;
– Le niveau de mesure des variables à prendre en compte dans l'analyse

(Métrique ou non ?).

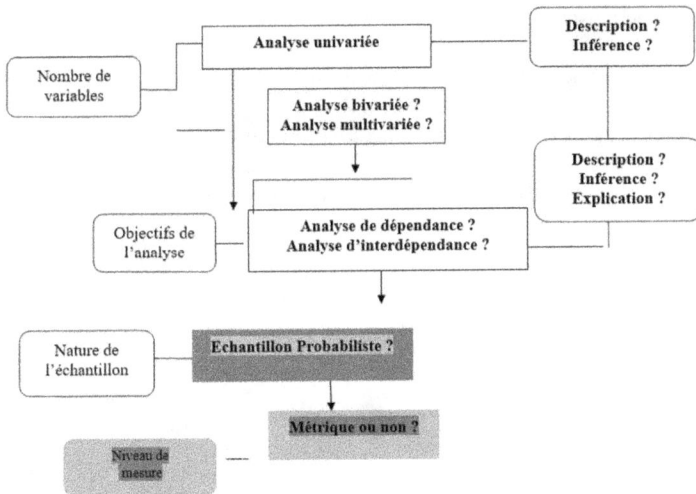

Fig.11 : Les Quatre grandes interrogations

Trois catégories d'analyse statistique :

- Analyse univariée

    *Analyse d'une seule variable à la fois

- Analyse bivariée

    *Analyse des relations entre deux variables à la fois

- Analyse multivariée

    *Analyse des relations entre plus de deux variables

Deux grands types d'analyses :

- Analyses d'interdépendance : pas de partition de la matrice

    *Pas de variable (s) dépendante (s)

    Pas de variable (s) indépendante (s)

- Analyses de dépendance : partition de la matrice

*Une ou plusieurs variables dépendantes

Une ou plusieurs variables indépendantes

Matrice partitionnée

Variable(s) dépendante(s)	Variable (s) indépendante (s)

Analyse (s) de dépendance

Matrice non-partitionnée

Variable 1	Variable 2	Variable 3		Variable m

Analyse (s) d'interdépendance

- Niveaux de mesure et propriétés des variables à analyser

  . Quatre niveaux d'échelles :

  .. Nominales

  .. Ordinales

  .. À intervalles égaux

  .. De rapports

. Utilisation des techniques non paramétriques

*Hypothèses :

...variables mesurées sur échelles nominales et ordinales

...distribution sous-jacente des variables non normales

(Petits échantillons)

L'analyse univariée des données de recherche

Tel qu'indiqué précédemment, l'analyse univariée concerne l'étude d'une seule variable. Elle constitue souvent la première étape de toute analyse de données.

L'analyse univariée peut viser deux objectifs :

- La description de la variable à partir du calcul d'une mesure de la tendance centrale et d'une mesure de la dispersion ou de la variation des données relatives à la variable étudiée. Ces mesures permettent de définir la forme de la distribution de la variable et de « résumer » l'information contenue dans les observations ;
- L'inférence statistique, c'est-à-dire la comparaison des valeurs

Observées à une ou plusieurs valeurs prédéterminées pouvant correspondre à une norme, un point de repère ou de comparaison.

Les méthodes et techniques applicables dépendent du niveau de mesure de l'échelle utilisée pour la variable (voir **les étapes du processus**).

L'analyse descriptive

Tableau 2: L'analyse univariée

ANALYSE UNIVARIEE				
Niveau de mesure	Non métrique		Métrique	
Analyse Descriptive	Nominal	Ordinal	Intervalles	De rapports
Distribution	Fréquences absolues ou relatives	Fréquences absolues ou relatives	Fréquences absolues ou relatives	
Tendance Centrale	Mode	Médiane	Moyenne	
Dispersion	Fréquence relative de la classe		Ecart type	
Symétrie			Coefficient de symétrie	
Aplatissement			Coefficient d'aplatissement	

La standardisation des données permet de comparer des observations de variables de niveau métrique (échelles d'intervalles ou de rapports) mais dont les unités de mesure sont différentes, en imposant aux variables une métrique commune dont la moyenne correspond à 0 et l'écart type à 1.

L'analyse inférentielle

Tableau 3 : L'analyse inférentielle

ANALYSE UNIVARIEE				
Niveau de mesure	Non-métrique		Métrique	
	Nominal	Ordinal	Intervalles	De rapports
Tests d'inférence	Khi carré Test binomial	Kolmogorov-smirnov	Test z Test t	

Les six étapes à suivre (Siegel, 1956) pour effectuer un test d'inférence sont les suivantes :

1. Etablir l'hypothèse nulle H_0 et son alternative H_1 ;
2. Choisir le test statistique approprié pour teste H_0 (selon le niveau de mesure de données) ;
3. Spécifier le seuil de confiance souhaité et la taille de l'échantillon ;
4. Déterminer la distribution d'échantillonnage de la statistique utilisée pour le test sous l'hypothèse H_0 ;
5. Déterminer la région de rejet de H_0 en fonction des étapes précédentes ;
6. Calculer la valeur de la statistique utilisée pour le test à partir des données et examiner si elle se situe ou non dans la zone de rejet de H_0.

L'analyse bivariée des données de recherche

Tel qu'indiqué précédemment, l'analyse bivariée concerne l'étude des relations entre deux variables.

L'analyse bivariée peut viser deux objectifs :

– Mettre en évidence l'existence d'une association plus au moins forte entre deux variables (degré d'interdépendance) ;
– Examiner la relation de dépendance entre deux variables.

Les méthodes, techniques et tests applicables dépendent du niveau de mesure de l'échelle utilisée pour chacune des deux variables (voir les étapes du processus).

Les analyses d'association

Dans le cas des analyses d'association, toutes les combinaisons du niveau de mesure peuvent être envisagées : nominal/nominal, ordinal/ordinal, métrique/métrique, nominal/ordinal, etc.

Tableau 4 : Les analyses d'association

MESURES D'ASSOCIATION ENTRE DEUX VARIABLES			
Niveaux de mesure	Nominal	Ordinal	Intervalles et rapports
Nominal	Khi-carré Coefficient de contingence Coefficient phi Lambda de Guttman	Coefficient de différentiation	Coefficient point bi-sérial
Ordinal	Coefficient de différentiation	Corrélation de rang Rhô (Spearman) Tau (kendall) Gamma (Goodman & Kruskal)	Coefficient point multi-sériel
Intervalles et rapports	Coefficient point bi-sérial	Coefficient point multi-sériel	Coefficient de corrélation de pearson

Les analyses de dépendance

Dans le cas des analyses de dépendance, les tests d'inférence sont liés au nombre d'échantillons (deux ou plus), aux caractéristiques de ces échantillons appariés (ou groupes liés par une variable commune) ou indépendants (ou groupes non liés), et au niveau de mesure de la variable dépendante.

Le nombre de groupes (ou d'échantillons) correspond au nombre de modalités que peut prendre la seconde variable : deux (binaire) pour deux groupes (échantillons) indépendants, ou plus de deux modalités (multimodal) autrement (Evrard et al., 1993).

Les deux tableaux suivants présentent les principaux tests appropriés selon les cas envisagés.

Tableau 5 : Les analyses de dépendance

TESTS STATISTIQUES/ 2 ECHANTILLONS (2 groupes)		
Niveau de mesure	Echantillons appariés (groupes liés)	Echantillons indépendants (groupes non liés)
Nominal	Test de McNemar	Test du Chi-carré Test de Fisher
Ordinal	Test du signe Test de Wilcoxon	Test de la médiane Test de Mann-Whitney Test de Kolmogorov-smirnov
Intervalles et rapports	Test de la différence moyenne	Tests Z et t Régression Test F

TESTS STATISTIQUES/> 2 ECHANTILLONS (>2groupes)		
Niveau de mesure	Echantillons appariés (groupes liés)	Echantillons indépendants (groupes non liés)
Nominal	Test Q de Cochran	Test du Chi-carré
Ordinal	Test de Friedman (analyse de variance)	Test de la médiane Test de Kruskal-Wallis
ntervalles et rapports	Analyse de variance (mesures répétées) Analyse de covariance	Analyse de variance Test F

Tel qu'indiqué précédemment, l'analyse multivariée concerne l'étude de plus de deux variables.

L'analyse multivariée peut viser deux objectifs :

- Étudier les relations entre des variables ou des groupes de variables afin d'essayer de les résumer ou de les structurer (analyses d'interdépendance) ;
- Examiner les relations entre des variables ou des groupes de variables indépendantes et une ou plusieurs variables dépendantes (analyses de dépendance).

Les méthodes, techniques et tests applicables dépendent du niveau de mesure de l'échelle utilisée pour chacun des deux types de variables (voir les étapes du processus).

La synthèse de ces analyses se présente de la manière ci-après.

Tableau 6: Synthèse des typologies d'analyses

1. Association Parcimonie

ANALYSE DE DEPENDANCE | ANALYSE MULTIVARIEE | ANALYSE D'INTERDEPENDANCE

	MÉTRIQUES	NON METRIQUES
MÉTRIQUES	Régression Coefficient de Pearson	Test t
NON METRIQUES	Test t	χ^2 Coefficient de contingence Coefficient de corrélat

	MÉTRIQUES	NON METRIQUES
MÉTRIQUES	Régression multiple	1. Régression avec variable (C.1) 2. Analyse de variance 3. AID χ^2
NON METRIQUES	Analyse Discriminante Pour 2 groupes	AID

	MÉTRIQUES	NON METRIQUES
MÉTRIQUES	Corrélation canonique	Analyse de variance Multivariée
NON METRIQUES	Analyse Discriminante multiple	Analyse canonique avec (0,1) χ^2

Métriques
Non métriques

1. Analyse factorielle
1. Analyse factorielle
2. Analyse de groupe
2. Analyse de groupe
3. Analyse multi-
3. Analyse multi-
Dimensionnelle non
Dimensionnelle non
Métrique
métrique.

CHAPITRE VII

DES RESULTATS AU RAPPORT DE RECHERCHE

7.1 L'interprétation des résultats (rétroduction).

7.2 L'identification des limites de la recherche.

7.3 La formulation de suggestions concernant les recherches futures.

7.4 La formulation de la conclusion et des recommandations.

7.5 Le contenu et la présentation du rapport de recherche.

Ces résultats et leurs apports passent par les étapes suivantes :

7.1- Des résultats au rapport de recherche

7.1.1- L'interprétation des résultats (rétroduction)

Le traitement et l'analyse des données ont permis de résumer les données recueillies et d'en extraire les informations. Il faut maintenant les interpréter.

Les éléments composant le cadre conceptuel doivent servir de guide à l'interprétation des résultats d'une recherche.

De la même façon qu'il permet une vision intelligente d'une question managériale, le cadre conceptuel (la « paire de lunettes » du chercheur) constitue un outil de travail permettant une vision intelligente des résultats obtenus.

L'examen systématique des résultats en fonction du modèle théorique intégrant les dimensions théoriques du problème managérial constituent l'étape de rétroduction ou d'induction à rebours.

Cette étape est primordiale puisqu'elle permet de « corriger » le modèle initialement construit et de poser de nouvelles hypothèses de recherche.

7.1.2- L'identification des limites de la recherche

La recherche parfaite n'existe pas. Toute étude comporte des limites qui découlent des décisions prises par le chercheur à chacune des étapes du processus de recherche.

La connaissance de ces limites fait en sorte qu'il est toujours difficile, pour le chercheur, d'apporter des réponses précises aux questions de recherche et à la question managériale posée.

Dans toute étude, il faut donc prévoir une étape d'identification des limites de la recherche.

Une façon simple et logique de réaliser cette étape consiste à construire une liste des limites en fonction de chacune des étapes du processus de recherche suivi.

Les éléments suivants devraient être considérés :

1. FORMULATION DU PROBLEME MANAGERIAL

(Éléments négligés, information obtenue après la formulation, etc.)

2. ELABORATION DU CADRE CONCEPTUEL

(Documentation nouvelle, dimension théorique sous-évalué, etc.)

3. FORMULATION DU PROBLEME, DES OBJECTIFS ET DES HYPOTHESES DE RECHERCHE

(Choix des objectifs et des questions de recherche, autres hypothèses possibles, etc.)

4. ELABORATION DE LA METHODOLOGIE DE LA RECHERCHE
4.1 Identification des informations pertinentes (autres informations pertinentes, etc.)
4.2 IDENTIFICATION DES SOURCES D'INFORMATION (oublis, recherche de données secondaires limitées à certaines sources, etc.)
4.3 CHOIX DE L'APPROCHE ET DE LA METHODE DE RECHERCHE (étude descriptive [observation ou enquête] ou expérimentale, limites propres à l'approche utilisée, etc.)

4.4 CONSTRUCTION DES INSTRUMENTS DE MESURE (à partir de la définition opérationnelle des variables, autres définitions opérationnelles possibles, etc.)

4.5 ESTIMATION DE LA FIDELITE ET DE LA VALIDITE DES INSTRUMENTS DE MESURE (estimation limitée, valeur des coefficients obtenus, etc.)

4.6 DEFINITION DES REGLES DE DECISION (pour confirmer ou infirmer les hypothèses possibles, etc.)

4.7 IDENTIFICATION DE L'UNIVERS IDEAL DU CADRE D'ECHANTILLONNAGE, DE L'UNIVERS ETUDIE, DE LA METHODE D'ECHANTILLONNAGE ET DE LA TAILLE DE L'ECHANTILLON (Limites propres à la méthode choisie, contraintes reliées au cadre d'échantillonnage, etc.)

4.8 CHOIX DE LA METHODE DE COLLECTE DES DONNEES (limites propres à la méthode, difficultés rencontrées, etc.)

4.9 CHOIX DES METHODES DE TRAITEMENT ET D'ANALYSE DE DONNEES (limites propres aux méthodes choisies, contraintes reliées au niveau des échelles de mesure utilisées, etc.)

5. AUTRES LIMITES (limites reliées aux ressources humaines, techniques et budgétaires, contraintes liées à l'échéancier, etc.)

7.1.3- La formulation de suggestions concernant des recherches futures

L'interprétation des résultats d'une étude à l'aide du cadre conceptuel et du modèle théorique permet d'infirmer ou de confirmer les hypothèses de recherches formulées.

Les propositions d'explication du rejet de certaines hypothèses, notamment par l'étape de rétroduction, constituent le point de départ de l'identification de suggestions concernant des recherches futures.

La liste des limites de la recherche constitue également une source d'autres suggestions.

L'identification et la formulation concernant des recherches futures facilitent le travail de « débroussaillement » d'un sujet ou d'une problématique de recherche par les autres chercheurs.

7.1.4- La formulation de la conclusion et des recommandations

La recherche terminée, il faut en tirer les conclusions et formuler les recommandations au preneur de décision.

Les conclusions doivent être déduites des résultats de l'étude. La présentation des résultats en fonction des objectifs de recherches facilite le travail de rédaction de la conclusion de la recherche.

Le chercheur doit apporter les éléments de réponse à chacune des questions de recherche posées. C'est à partir de la synthèse de ces éléments de réponse, et en tenant compte des limites de l'étude, qu'il est en mesure de rédiger une conclusion générale.

Les recommandations découlent des résultats et des conclusions de l'étude. Elles correspondent aux mesures proposées pour atteindre l'objectif managérial défini à l'étape initiale de la recherche.

7.1.5- Le contenu et la présentation du rapport de recherche

Comme pour toute communication, le contenu et la forme d'un rapport de recherche doivent tenir compte du champ d'expérience de son destinataire.

Il arrive fréquemment que plusieurs cibles soient visées, comme par exemple, la dirigeante d'une entreprise et le directeur de son bureau de recherche. Il y a alors lieu de tenir compte de leurs caractéristiques respectives et, le cas échéant, de rédiger différentes versions du même rapport.

Quelle que soit la cible visée, le rapport de recherche doit être concis tout en étant complet, clair, précis et de présentation soignée. Il ne faut donc pas sous-estimer la tâche de rédaction et de préparation des rapports d'étapes et du rapport final.

Il n'existe pas de structure universelle et unique pour un rapport d'étude. L'exemple de format de présentation apparaissant aux pages suivantes respecte les principaux critères qu'il est coutume de considérer en ce domaine.

Exemple de structure du rapport de recherche

Page titre

Choisir un titre résumant bien la teneur de l'étude.

Indiquer le ou les noms des responsables de la recherche et de son ou ses destinataires.

Indiquer la date de rédaction du rapport.

Table des matières

Liste des figures

Liste des tableaux

Résumé ou synopsis

Comme de nombreuses personnes ne lisent que cette partie, il est opportun de l'imprimer sur du papier de couleur distincte des autres parties du rapport. Le résumé peut constituer la version abrégée du rapport destinée aux preneurs de décisions, la version intégrale étant davantage destinée au spécialiste.

Introduction

Introduire le lecteur au thème de l'étude, à sa justification, etc.

La problématique managériale

Présenter chacune des composantes de la problématique et conclure en énonçant clairement la question managériale.

Le cadre conceptuel

Présenter la ou les figures résumant les dimensions théoriques, le modèle, etc.

Les objectifs et les hypothèses de recherche

Présenter un tableau-synthèse mettant en évidence chacune des hypothèses relatives à chacun des objectifs.

La méthodologie de la recherche

Présenter toutes les étapes du processus de recherche: identification des informations nécessaires (tableaux), des sources d'informations, de l'approche et de la méthode de recherche, la construction des instruments de mesure, l'estimation de leur fidélité et de leur validité, le choix de la ou des règles de décisions utilisées pour confirmer ou infirmer les hypothèses, identification de l'univers idéal, de l'univers étudié, du cadre d'échantillonnage, de la méthode d'échantillonnage et de la taille de l'échantillon, la méthode de collecte des données choisie et les méthodes de traitement et d'analyse de données.

Les résultats

Présenter une synthèse des résultats en fonction de chacun des objectifs de l'étude.

Les limites de l'étude

Les présenter en suivant les résultats du processus de recherche. Discuter de leur impact sur les résultats obtenus.

La formulation de suggestions concernant des recherches futures

Cette partie dépend du type de recherche (universitaire ou non).

Les conclusions et les recommandations

Donner les éléments de réponses fournis par l'étude à la question managériale.

Les annexes

Y inclure tous les éléments, détails et renseignements qui sont pertinents mais qui risquent de trop charger le texte principal : outils de mesure, guide d'entrevues, plan d'échantillonnage, figures et tableaux complémentaires, bibliographie, etc.

Il arrive fréquemment qu'outre la rédaction du rapport de recherche, le chercheur soit invité à faire une présentation orale de l'étude réalisée.

C'est le cas notamment des présentations de communication à des congrès scientifiques, des soutenances de thèses ou de la présentation des résultats d'une étude de marché à des gestionnaires d'une entreprise.

Dans ce cas, les mêmes principes que ceux vus précédemment s'appliquent : il faut tenir compte de la cible visée, de son champ d'expérience, et adapter le contenu et la forme du message en conséquence.

Certaines présentations doivent, par conséquent, être plus schématiques que d'autres, dépendant du style cognitif du récepteur

7.2- CONCLURE (HYPOTHESES VERIFIEES ET REPONSE(S) A QUESTION(S) INITIALE(S))

S'il y a convergence entre les résultats attendus (exprimés par l'hypothèse) et les résultats observés : l'hypothèse est confirmée ou, plus généralement « confirmée sous certaines conditions » ou « confirmées dans x% des cas ».

S'il y a divergence entre les résultats attendus (exprimés par l'hypothèse) et les résultats observés, ce qui n'est pas rare : l'hypothèse est infirmée.

Dans ce cas, il conviendra de s'interroger sur les raisons de ces écarts. Ceci pourra fournir matière à nuances ou modifications du modèle d'analyse. Ceci pourra également servir de base à proposition pour des recherches complémentaires.

Compte tenu des hypothèses vérifiées / infirmées, il restera alors à revenir à la question centrale de la recherche et à y répondre avec clarté et (généralement) avec nuances.

CONCLURE (HYPOTHESES VERIFIEES ET REPONSE(S) A QUESTION(S) INITIALE(S))

1°) Hypothèse(s) :

- « Confirmée »
- « Confirmée sous certaines conditions »,
- « Confirmée dans x% des cas »
- « Infirmée ».

2°) Retour à la question centrale de la recherche pour « réponse »

7.3- LIMITES DE LA RECHERCHE ET PROLONGEMENTS METHODOLOGIQUES OU THEORIQUES

La recherche est un « continuum ».

Il n'est donc pas étonnant que les résultats d'une « bonne » recherche soient considérés comme perfectibles :

- Par la mobilisation d'autres concepts ou théories (modification de la problématique),
- Par une meilleure opérationnalisation du modèle d'analyse (indicateurs et modes de recueils des données),
- Par un perfectionnement des méthodes d'analyses des données recueillies.

Toute recherche n'est qu'une étape. Aussi, le chercheur qui est conscient des limitations que lui ont imposé son budget, les délais à respecter, etc. … doit-il exprimer lui-même les limites de validité (interne et externe) de son travail.

L'énoncé de ces limites est une invitation à relativiser à la fermeté des conclusions présentées.

En même temps, ces limites seront une invitation à poursuivre l'œuvre entreprise.

Cette poursuite des efforts, par lui-même ou par ses successeurs, pourra emprunter deux voies : améliorations d'ordre méthodologique ou encore d'ordre théorique (nouvelles variables ou nouvelles relations envisagées).

LIMITES DE LA RECHERCHE ET PROLONGEMENTS METHODOLOGIQUE OU THEORIQUE

1°) La recherche est un « continuum » :

Perfectionnements par :

- Nouveaux concepts ou théories (modification de la problématique),
- Meilleure opérationnalisation du modèle d'analyse,
- Nouvelles méthodes d'analyses des données.

Enoncé des limites :

- Invitation à approfondir,
- Invitation à relativiser les conclusions,
- Invitation à perfectionner les méthodes,
- Invitation à poser de nouvelles questions.

7.4- PROLONGEMENTS OPERATIONNELS

En présentant les résultats de la recherche, on aura présent à l'esprit la finalité fondamentale de la recherche en gestion : fournir aux responsables des entreprises de meilleurs outils pour décider.

Il conviendra donc que le chercheur se préoccupe des prolongements opérationnels de sa recherche, c'est à dire des changements qu'elle pourrait introduire dans les pratiques des entreprises et des décideurs.

Cela suppose qu'il y réfléchisse et qu'il se charge de mettre à la portée de tels utilisateurs les enseignements à tirer de ses travaux.

PROLONGEMENTS OPERATIONNELS

La recherche en gestion est « appliquée » pour :

- Fournir aux responsables des entreprises de meilleurs outils pour décider,
- Expliciter ces apports opérationnels (en faciliter l'accès aux intéressés).

CHAPITRE VIII

SYNTHESE DE l'EVALUATION D'UN TRAVAIL DE RECHERCHE

Faire de la recherche c'est « créer de la connaissance » : c'est donc apporter une réponse à une question. Rédiger un papier de recherche, c'est porter à la connaissance des autres, l'effort fourni et ses résultats.

Un papier de recherche sera donc évalué selon trois critères :

- Relate-t-il bien l'effort et ses résultats ?
- Qu'apporte-t-il d'intéressant ?
- Les résultats obtenus sont-ils fiables ?

8.1- Contenu du travail fourni

Il est indispensable que le « papier de recherche » relate bien les efforts fournis. Il doit donc comporter les points suivants :

1) Justifier la problématique

Cet intérêt peut reposer :

- Sur l'actualité
    - Qui rend importante ou « met à la mode » certaines discussions,
    - Qui force à remettre en question des idées « reçues »,
    - Qui suggère des relations entre des phénomènes jusqu'alors considérés comme indépendants …),
- Sur le fait que les recherches antérieures ont des « limites » et n'ont résolu que partiellement, voire de façon non fiable certaines questions,
- Sur des préoccupations exprimées par des chercheurs de la discipline lorsqu'ils présentent les limites de leurs propres recherches,
- Sur la volonté d'améliorer les méthodes d'appréhension de la réalité (méthodes de mesure, méthodes d'enquête, méthodes de traitement des données …)
- Sur les préoccupations ressenties ou explicitement exprimées par des managers en quête d'amélioration de leurs décisions ou des pratiques de leur entreprise.

L'avancée que représente le papier de recherche sera d'autant plus appréciée qu'aux justifications académiques s'ajouteront des justifications pratiques : les sciences de gestion sont des sciences « appliquées », elles doivent donc être susceptibles d'avoir des applications concrètes.

Les questions « intéressantes » sont perçues comme telles (même si c'est pour des motifs différents) par les chercheurs (soucieux d'améliorer la compréhension du Réel et les méthodes), par les praticiens (soucieux d'améliorer leurs décisions), par les enseignants (soucieux d'améliorer leur enseignement), par le « public » …. Elles sont des moyens pour apporter des réponses pertinentes aux préoccupations de ces communautés.

A contrario, une question est « banale » ou sans intérêt quand elle ne porte pas sur un sujet « dont on parle », quand elle n'apporte rien de neuf par rapport à ce que l'on savait déjà …

A contrario encore, une recherche qui aurait, uniquement, pour vocation la solution d'un problème qui se pose à une entreprise isolée, relèverait d'un travail de consultant puisque la vocation à « généralisation » serait ici absente (généralisation du « bénéfice » de l'acte de recherche » grâce à la « diffusion du papier de recherche » et généralisation des enseignements à tirer compte tenu des méthodes mises en œuvre).

2) Exprimer la problématique

La question que veut résoudre le papier de recherche doit être clairement posée. Elle sera exprimée de manière « globale » mais aussi de manière analytique. En effet, comme la question revêt plusieurs aspects, le papier devra proposer :

- Plusieurs voies de solutions (la recherche devant permettre de déterminer «la meilleure » et, surtout, dans quel contexte ou sous quelles conditions, elle est «la meilleure »),
- Plusieurs hypothèses (chacune d'elle servant à préciser les diverses dimensions du problème général : par exemple le problème général de l'efficacité de la publicité pourra être décliné en une hypothèse sur l'exposition et une hypothèse sur la mémorisation.

Quelques remarques :

- Un article sans interrogation claire, laisse au lecteur le soin de deviner ce qu'il lui apporte, c'est à dire l'intérêt qu'il présente pour lui : fera-t-il cet effort de découverte de l'intérêt ?
- Un article qui rend compte de l'état de l'art à un instant donné est simplement descriptif et ne fait pas progresser la connaissance,

- Par contre, un article ajoute des connaissances à celles déjà contenues dans la littérature s'il avance des appréciations sur les écrits antérieurs, s'il propose un nouveau « classement » (typologie) de ces écrits en établissant des liens non encore aperçus ou s'il « synthétise » en mettant l'accent sur des idées majeures déjà acquises mais aussi sur les questions en suspens,
- Par contre encore, un article qui repose sur une problématique claire et précise montre que le chercheur a compris que l'enrichissement de la connaissance résulte de solutions apportées à des questions qui sont, en général, d'ampleur limitée mais qui s'intègrent dans le champ des réflexions déjà engagées sur le domaine.

3) Clarifier les concepts et leurs relations

La démarche du chercheur consiste à proposer une représentation « symbolique » ou « intellectuelle » de la réalité.

Ce faisant, le chercheur « modélise », autrement dit, il fournit une représentation simplifiée du réel et il invite à focaliser l'attention sur certains aspects seulement, du réel. En outre, le chercheur « conceptualise » puisque cette représentation du réel ne peut être exprimée que par des mots qu'il doit, en conséquence définir avec soin pour éviter toute ambiguïté.

Pour ce, il doit :

- Traduire les faits en « variables » (ces variables sont désignées par des mots qui sont censés désigner de façon non ambiguë certains éléments ou événements concrets),
- Proposer des idées de relations qui uniraient ces faits (donc ces variables),
- Envisager des événements qui sont susceptibles d'interférer avec ces relations et donc d'en modifier l'intensité ou les résultats.

La conceptualisation consiste donc à trouver les mots qui traduisent les « faits » et à imaginer des relations qui peuvent les unir, d'une part, entre eux et, d'autre part, avec d'autres éléments du réel. Elle consiste à s'appuyer sur des concepts existants :

- Qu'il convient de bien choisir pour éclairer le problème,
- Et qu'il convient de nuancer, de préciser, de distinguer …

4) Expliciter la méthodologie employée

La réponse donnée à la question de recherche ne vaut que si la méthode employée pour l'établir est fiable. La méthodologie concerne toutes les procédures utilisées pour réunir les informations et arguments devant permettre de voir la correspondance entre le réel et sa conceptualisation.

Elle peut-être :

- Quantitative (échantillons représentatifs, ...),
- Qualitative (recherche d'idées nouvelles par interview non directifs ...),
- Mixte (phase exploratoire puis enquête à grande échelle).

Elle peut reposer :

- Sur des informations directement recueillies par le chercheur (« données primaires »),
- Ou sur l'analyse de données secondaires (statistiques existantes, résultats d'études antérieures, etc.).

Bien entendu, la méthodologie doit être :

- Bien adaptée à la question traitée (validité interne),
- Et permettre une généralisation de la réponse fournie (validité externe).

Or, limité par ses moyens (temps, argent, connaissances des meilleures méthodes ...) le chercheur recourt parfois à des méthodes « imparfaites ».

Dans ces cas, au demeurant très fréquents, il doit, au moins, avoir conscience des limites de ses choix méthodologiques et il doit les présenter de façon précise dans son papier de recherche.

D'ailleurs, c'est en acceptant de livrer ses conclusions tout en explicitant honnêtement ses méthodes et leurs limites qu'il peut éviter des erreurs scientifiques (généralisation abusive des résultats) et suggérer de nouveaux efforts et, donc, de nouvelles avancées dans la connaissance.

5) Restituer ses sources

Créer de la connaissance n'exclut nullement (bien au contraire) que l'on prenne appui sur des concepts et des conclusions déjà établies ou que l'on s'inspire de questions restées jusqu'alors en suspend et relevées dans des textes antérieurs.

Il est donc indispensable de citer les sources :

- Des idées utilisées,
- Des schémas présentés,
- Ou des informations statistiques mentionnées.

De même il est indispensable de situer sa recherche dans « l'environnement » des recherches déjà publiées sur le domaine.

La bibliographie doit donc être suffisamment complète pour permettre à de nouveaux chercheurs de retrouver l'origine de certaines idées intégrées dans le texte et la genèse de la question de recherche. Elle ne doit pas être, toutefois, trop longue car elle ne permettrait point de distinguer alors les références essentielles de celles qui sont peu utiles.

Les références bibliographiques doivent être présentées selon des règles définies par les grandes revues scientifiques.

8.2- LES TROIS (3) APPORTS DE LA RECHERCHE

Une recherche en gestion peut apporter des idées et connaissances nouvelles dans trois domaines :

- Théorique,
- Méthodologique,
- Opérationnel.

Aussi le papier de recherche sera-t-il, jugé sur ces trois types d'apport.

8.2.1- Apport Théorique

La recherche doit apporter une compréhension supplémentaire du réel. Cela signifie qu'elle fournit des connaissances nouvelles. Plus précisément, le chercheur a proposé et tenté de vérifier une « *théorie nouvelle* », en imaginant une liaison entre deux faits, en imaginant une cause supplémentaire à un phénomène, en imaginant une conséquence probable d'un phénomène….

Il y a apport théorique quand la recherche permet de fournir une réponse à une question nouvellement posée ou encore mal résolue jusqu'alors.

8.2.2- *Apport méthodologique*

Pour vérifier le bien-fondé de cette idée, il convient de mobiliser certaines *méthodes*.

Ici, l'intuition qui éventuellement a permis de proposer une nouvelle « théorie » ne suffit plus. Il convient de mobiliser des méthodes d'analyse objectives et rigoureuses afin de vérifier la validité ou non de la théorie imaginée.

Ces méthodes sont de nature quantitative (avec validité statistique mesurée) ou qualitatives (« début de preuves » administrées par des interviews, des raisonnements « logiques », des rapprochements, des constats …).

Il y a apport méthodologique, lorsque le chercheur aura su choisir et montrer l'intérêt des méthodes qu'il a retenues. Il en aura montré par exemple, l'efficacité pour bien « mesurer » ou l'originalité par rapport à d'autres travaux.

8.2.3- *Apport opérationnel*

Enfin, la recherche en gestion doit aboutir à un *apport opérationnel*. Ses conclusions doivent être utiles pour les décideurs en entreprise.

Cela signifie deux choses.

D'une part les relations découvertes ou précisées doivent permettre d'améliorer les pratiques et les décisions des dirigeants d'entreprise,

- Soit en appelant leur attention sur certains facteurs jusqu'alors négligés,
- Soit en leur recommandant certains choix pour que leurs objectifs soient mieux défendus.

Au final, les risques inhérents aux décisions prises dans les organisations devraient être diminués grâce à la recherche en gestion (utilité intrinsèque de la recherche).

D'autre part, le compte rendu de cette recherche se doit d'expliciter en quoi elle peut s'avérer utile : dans quel genre de situations ou dans quel genre d'entreprises elle représente un apport efficace. Il faut, en quelque sorte, démontrer l'utilité de la recherche et ne pas laisser aux décideurs le soin de se demander (après lecture du papier de recherche) à quoi cela pourrait lui servir. C'est au chercheur de faire l'effort de réfléchir et de dire : dans quelles circonstances et pour qui, ses écrits sont utiles !

Cette partie « apport opérationnel » est, hélas, trop souvent minorée dans les recherches académiques, peut-être :

- Faute d'expérience concrète du chercheur
- Ou en raison de ses centres d'intérêt trop éloignés du monde de l'entreprise.

Elle est peut-être, par contre, exagérée dans certaines recherches-actions.

Il n'en demeure pas moins qu'une « bonne recherche » dans une « science appliquée » comme la gestion, ne peut se contenter de « découvrir », elle doit « servir l'action ».

On peut, pour se convaincre de toutes ces exigences, consulter une grille d'évaluation des articles soumis telle que celle de la revue Décisions Marketing (cf. Conseil 1) …

8.3- LA VALIDITE DES RESULTATS

La fiabilité des résultats et des conclusions peut être estimée par référence à la « validité interne » et à la « validité externe ».

8.3.1- Validité interne

Il y a validité interne quand les relations mises à jour sont « réelles » (pas de résultats biaisés, pas de résultats provoqués par des variables causales non « contrôlées », …).

Par exemple : questionnaire orientant les réponses … Par exemple encore, une question qui ne mesure qu'une partie seulement du phénomène …

8.3.2- Validité externe

Il y a validité externe quand les relations observées sont généralisables à d'autres époques, lieux ou groupes.

Par exemple la consommation de jus de fruit constatée en été ne peut servir de références à la consommation annuelle… Par exemple, ce qui est mesuré sur un échantillon de « convenance » ne peut être généralisé.

Les deux types de validité doivent être recherchés.

Néanmoins en raison des possibilités financières limitées qui caractérisent de nombreux chercheurs universitaires, on admet plus facilement « l'invalidité externe » que « l'invalidité interne » !

8.3.3- Les limites du travail

On n'admet point surtout, le fait que le chercheur n'ait pas conscience ou n'ait pas cru bon de préciser les « limites » de son travail, c'est à dire les réserves qui doivent entourer la prise en compte de ses conclusions.

Expliciter ses « limites » c'est :

- Montrer qu'on sait rester humble devant la complexité du Réel,
- Faire preuve d'honnêteté intellectuelle,
- Éviter des utilisations fallacieuses de ses travaux,
- Inviter d'autres chercheurs à compléter, par leurs efforts, ceux qui viennent d'être effectués.

CHAPITRE IX
CONSEILS PRATIQUES

Dans ce chapitre, nous avons mis en évidence six (6) conseils pratiques.

9.1- Conseil 1 : Recommandations de la revue Décisions Marketing sur la recherche en gestion.

DM
Décisions Marketing.

Référence   **Lecteur**
Titre

Manuscrit évalué dans la catégorie **ARTICLE**	**Votre recommandation** **(supprimer les options non retenues)** **Accepté tel quel** **A revoir après modifications mineures** **A revoir après modifications majeures** **Refusé**

	MAUVAIS						EXCELLENT
	1	2	3	4	5	6	7
Actualité du sujet							
Pertinence du sujet							
Originalité du sujet							
Richesse des exemples							
Clarté et attractivité des illustrations							
Apport pour les praticiens							
Utilité pour la décision							
Intérêt pour les pédagogues							
Qualité des références							
Cohérence de l'argumentation							
Lisibilité et fluidité du style							
Mise en avant des idées fortes							
Respect des normes de publication							
Utilisation d'encadrés et de schémas							

DM Décisions Marketing.

Commentaires et suggestions

(non manuscrits)

9.2- Conseil 2 : PRINCIPALES QUALITES D'UN « BON » PAPIER DE RECHERCHE

1° DES OBJECTIFS DE RECHERCHE CLAIRS :

.... On sait ce que l'on est en droit d'attendre

2° DES OBJECTIFS BIEN JUSTIFIES

.... On comprend pourquoi cela mérite notre attention

3° DES METHODES HONNÊTEMENT PRESENTEES

... On pourrait donc reproduire « l'expérience »,

On peut aussi en discerner les défauts ou maladresses

4° DES SOURCES HONNÊTEMENT PRESENTEES

... On sait ce qui est dû à qui,

On voit ce qui a été oublié,

On discerne les courants de pensée où s'insère ce travail

5° DES APPORTS MULTIPLES ET VISIBLES

.... D'ordre théorique, méthodologique et opérationnel

6° DES CONNAISSANCES SUPPLEMENTAIRES MAIS PAS FORCEMENT TOTALEMENT VALIDES

.... Validité interne et externe

7° DES LIMITES EXPRIMEES

.... On sait jusqu'à quel point c'est valable,

On devine les efforts à tenter dans le futur ...

9.3- Conseil 3 : RECOMMANDATIONS PRATIQUES POUR LA REDACTION DU PAPIER DE RECHERCHE

1) Préparer son plan détaillé :

Il s'agit ici d'organiser, selon une logique interne claire, les divers points d'un raisonnement permettant progressivement de traiter le sujet dans toute son ampleur.

Disposer de ce plan assez tôt (même s'il n'est pas forcément le plan définitif) va permettre de :

- Classer toute la documentation et les données accumulées (on ouvrira autant de dossiers ou de chemises qu'il y a de paragraphes prévus ; ce faisant on verra les points qu'il convient de compléter (« dossiers ou chemises trop minces ») et les points sur lesquels il faut, au contraire, élaguer et aller vers l'essentiel en laissant tomber « l'accessoire » ;
- D'éviter des dérives : la rédaction est un travail de longue haleine et il faut absolument préserver le « fil conducteur » : les développements ne doivent pas être « intrinsèquement intéressants », ils le sont car ils apportent un élément utile pour la démonstration.

« Ce point n'apporte rien à ma démonstration, je l'abandonne !».

« Ce point est essentiel pour ma démonstration, je le développe et l'approfondis !».

« Ce point est marginal par rapport à ma démonstration, je ne fais que l'évoquer brièvement !».

« Ce point est essentiel et je n'ai guère de matière pour le développer, je dois le retravailler !».

L'idée directrice, qui inspire le plan :

- Sert à « garder le cap » malgré les mois qui passent
- Et à faire le tri entre ce qui est utilisé réellement et ce qui peut être négligé dans la documentation accumulée.

Plan et phases de recherche : un exemple

a) Choisir un thème ou domaine de recherche (à la mode, centres d'intérêt personnel …)

b) La littérature sur le sujet (ce qui a été déjà établi, quelles méthodes ont été utilisées, les limites et les suggestions des recherches antérieures …)

c) Préciser des questions de recherche (problématique, modèle),

d) Formaliser les hypothèses,

e) Opérationnaliser les hypothèses (les traduire en liste d'infos à rassembler),

f) Choix des méthodes pour rassembler ces informations (documents, monographies, petits échantillons, gros échantillons),

g) Analyse des informations rassemblées,

h) Résultats (/hypothèses posées),

i) Limites et invitations à prolonger au plan scientifique,

j) Prolongements opérationnels possibles.

Deux plans possibles (le souci « d'équilibre quantitatif » entre les différentes parties pouvant influencer le choix) :

Intro : (a),

1° partie (b, c, d, e),

2° partie (f, g),

3° partie (h, i, j),

Conclusion : rappel des principaux points de h, i, j.

Ou encore :

Intro : (a),

1° partie : (b, c, d, e),

2° partie : (f, g, h),

Conclusions : (i, j).

2° La rédaction en pratique

a) Si elle se fait « à la main »

- Écrire seulement au verso (découpage éventuel),
- Écrire encre noire (photocopie),
- Laisser des marges (ajouts et photocopie).

b) Si elle est faite « à l'ordinateur »

- Segmentez votre texte en dossiers pas trop lourds (retrouver un passage plus facilement),
- Donnez des titres explicites à ces différents dossiers,
- Adoptez une présentation qui sera conservée sur tout le texte,
- Distinguez bien les dossiers consacrés à un même thème (essais successifs que vous désirez conserver),
- Sauvegardez souvent sur disque dur et sur autre support (perte par vol ou par problème informatique …).

3° Citations et sources

a) Citations :

- Elles doivent être « utiles » (pas des banalités) et pas trop longues (ne pas rompre votre raisonnement, mais seulement l'illustrer ou lui donner force).
- On peut citer la phrase exacte ou bien l'idée seulement.
- On doit indiquer l'origine des chiffres ou graphiques utilisés dans le texte quand ils n'ont pas été élaborés par l'auteur (ou indiquer la source de l'inspiration : établi d'après …)
- Mais dans tous les cas cela doit permettre de retrouver aisément l'endroit (auteur et page) où l'idée apparaît.

b) Indication de la référence :

Suite à chaque lecture (consultation d'ouvrages/articles/communications) ou suite à la détection de références intéressantes (mais pas facilement consultables) il faut s'habituer à noter toutes ces sources d'idées en respectant les standards demandés par les revues scientifiques. Cela permet d'éviter les erreurs et les pertes de temps occasionnées par des « copiages successifs ».

On respectera donc les recommandations suivantes :

- Dans le texte : Nom de l'auteur, suivi de l'année de publication (les indications complémentaires sont en bibliographie générale), suivie éventuellement d'une lettre pour identifier l'une des publications de l'année concernée, suivie enfin de la page dont l'idée est tirée ;
- En bibliographie :

    - Pour les ouvrages, on souligne le titre de l'ouvrage,

- Pour les revues, on souligne le nom de la revue et le titre de l'article est entre guillemets
- Le nom de l'auteur est suivi de l'initiale du prénom et de l'année de publication (entre parenthèses)
- On termine par le nombre de pages s'il s'agit d'un ouvrage (365p.) ou par les pages occupées par l'article dans la revue (p.215-235) ou dans les actes d'un colloque.

- Exemples pour les ouvrages :

    - NOM Initiale du Prénom (2004), <u>Titre du livre</u>, Editeur, Ville de publication, 315p.
    - (Ou) NOM de l'institution si pas d'auteur : ex : UNESCO (2004) ....
    - (Ou) NOM des 2 ou 3 auteurs avec leurs prénoms (initiale) et dans l'ordre utilisé sur la couverture du livre....
    - (Ou) NOM et prénom (initiale) de la première cité par le livre suivi de *et al.* (Ce qui signifie *et alii*, c'est à dire *et d'autres*) ...
    - (Ou) pour ouvrage collectif sous la direction d'une personne : DUPUIS avec son prénom (initiale), dire. (année) <u>Titre</u>, Editeur, Ville de publication, 315p.
    - ....

- Exemples pour les articles :

    - NOM Prénom (Année) « Titre de l'article », <u>Nom de la Revue ou des Actes du colloque,</u> N° du Volume, P.215-235.

9.4- Conseil 4 : La mise en situation : démarrer une recherche en marketing

Champ proposé : « les footballeurs gagnent de plus en plus d'argent grâce à la publicité »

Champ conceptuel orientant les lectures

Problématique retenue (l'efficacité renforcée des publicités utilisant des stars)

Modèle d'analyse : Variables et Hypothèses

Méthode envisagées ….

Thème n°2 :

Commentaires de projets engagés par les participants sur leur propre sujet

Thème n° 3 : Les risques d'erreur dans la phase « terrain » :

Erreurs sur les hypothèses (ex oubli d'hypothèses, erreur sur le sens de la causalité …),

Erreurs sur l'opérationnalisation des hypothèses (incapacité de bien cerner l'info pertinente et « possible » à obtenir …),

Erreur sur la population –mère,

Erreur sur la taille de l'échantillon,

Erreur sur les composantes de l'échantillon,

Erreur sur le mode de recueil,

Erreur sur le questionnaire.

9.5- Conseil 5 : Les 10 règles du chercheur convaincant

Règle # 1

Formuler clairement l'objectif général de la recherche, le « problématiser » de façon convaincante et bien mettre en évidence l'intérêt de le poursuivre.

Règle # 2

Justifier les questions ou hypothèses particulières de la recherche et rendre compte de son appareil théorique, par un examen de la littérature approfondi, critique et bien structuré.

Règle # 3

Être très explicite sur tous les éléments du cadre méthodologique de la recherche, procéder d'une manière adéquate sur le plan technique et s'assurer que tout soit en accord avec l'objectif de la recherche et ses fondements théoriques.

Règle # 4

Présenter très clairement les résultats de la recherche et les analyser rigoureusement à l'aide des techniques appropriées.

Règle # 5

Discuter de manière approfondie de l'apport théorique des résultats et de ses implications, sans oublier de faire état des limites de la recherche.

Règle # 6

Attribuer au texte un titre accrocheur et construire un résumé représentatif de son contenu.

Règle # 7

Citer uniquement les travaux pertinents et publiés dans des documents crédibles, tout en attribuant les idées rapportées aux auteurs qui en méritent la paternité.

Règle # 8

Soigner la rédaction du texte et la préparation de la bibliographie.

Règle # 9

Soumettre le texte à la critique avant de l'acheminer à une revue savante, bien choisir cette revue et, le cas échéant, réagir constructivement aux demandes de modifications.

Règles # 10

Persévérer, persévérer et persévérer…

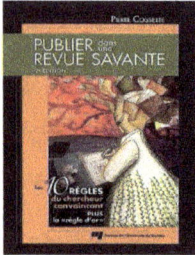

Source: Cossette, P., 2009. Publier dans une revue savante. Les 10 règles du chercheur convaincant. Presses de l'Université du Québe: Québec

9.6- Conseil 6: SYNTHESE DES ETAPES DE LA RECHERCHE

Chapitre 0: Les étapes préalables

1.1- L'évaluation des aptitudes personnelles
1.2- La recherche en gestion: buts et difficultés
1.3- Démarrer un travail de recherche (Mémoire, Thèse, Article)
1.4- Voies intéressantes mais à éviter en phase de démarrage
1.5- La voie à éviter absolument: le découragement
1.6- Une voie efficace: conseils pratiques aux chercheurs

Chapitre 1: Introduction générale de la Recherche

2.1- Contexte de la recherche

2.2- Objectifs de la recherche

2.3- Définition de la problématique managériale

2.4- Annonce du plan de la recherche

Conclusion du Chapitre 1

Chapitre 2: Fondements théoriques de la recherche

3.Quelques fondements théoriques

3.1- Le problème de la connaissance

Conclusion générale

La rédaction d'une thèse de doctorat un exercice difficile. Dameron (2011) précise que « c'est une aventure intellectuelle où se construit son programme de recherche, où on apprend à mener à bien un projet. C'est aussi une expérience humaine de socialisation dans la communauté universitaire et où le directeur de recherche ou de thèse, même s'il se met volontairement en retrait, n'en demeure pas moins une figure phare ».

En effet, Selon Gavard-Perret et al. (2008), c'est un exercice qui englobe des informations de nature complexe (définition, concepts, courants de pensées, approches méthodologiques, traitement des données, résultats, discussions, contributions à la fois théoriques, méthodologies et surtout managériales, limites de la recherche, voies de recherches futures), obligeant le rédacteur à fournir un effort particulier de synthèse. Ce savoir-faire se construit avec l'expérience. La rédaction et la communication orale vont de pair dans cette aventure.

C'est ainsi que tout au long de cet ouvrage, nous avons présenté les principes et apporté des conseils pratiques. Les points essentiels, valables à l'écrit comme à l'oral, restent la structuration du contenu et la clarté du style. Aussi, nous recommandant aux chercheurs qu'il est bon de commencer un projet de recherche, mais il est aussi essentiel de le terminer pour publication au plus tôt et à forger deux types de compétences à savoir la culture de l'écriture et la culture de l'oralité. Ces deux typologies de cultures sont indispensables pour réussir sa recherche.

ANNEXES : RESUMES DES THESES ET TEMOIGNAGES

Résume de thèse et témoignage du docteur François Xavier MVOGO
Sous le thème : La Gestion du Capital social du propriétaire dirigeant et la Performance des TPE gabonaises : le rôle médiateur des ressources stratégiques externes, soutenue le 11 juillet 2022 à l'Université Omar BONGO de Libreville au Gabon.

Résumé de la thèse : Les PME en générale et les TPE en particulier ont été reconnues dans divers études comme étant un des principaux facteurs d'amélioration des performances économiques, de réduction de la pauvreté et du chômage d'un pays. En effet, les TPE contribuent à la croissance économique et au développement des pays en développement comme le Gabon. Cependant, à partir du moment où le propriétaire décide de développer son entreprise, d'attirer de nouveaux clients, et d'accaparer de nouvelles parts de marchés, il se trouve confronté à un manque, voire à une rareté de ressources externes telles que les ressources informationnelles, financière et aussi en termes de notoriété. Ce qui remet en cause un problème de performance. Les propriétaires dirigeants des TPE peuvent faire recours à leur capital social généré par leurs relations dans divers réseaux afin de surmonter certaines de ces difficultés et contraintes.
Les recherches à la fois théoriques et empiriques ont largement étudié l'impact du capital social du propriétaire dirigeant sur la performance. Cependant, force est de constater que le capital social en soi demeure problématique, quant aux facteurs qui déterminent le plus son développement. C'est à ce titre dans le cadre de cette recherche doctorale, nous proposons d'apporter des éléments de réponse à cette problématique en recentrant notre réflexion sur les aspects managériaux du capital social du propriétaire dirigeant. Par ailleurs, nous relevons que la gestion de ce capital social du propriétaire dirigeant des TPE pourrait avoir un impact positif et significatif sur la performance et que les ressources stratégiques externes jouent un rôle médiateur sur cette relation. Et le cadre conceptuel proposé contribue à une meilleure compréhension de la manière les dimensions de la gestion du capital social peuvent avoir un impact positif et significatif sur la performance par le biais de l'accès aux ressources stratégiques externes.
Les résultats de cette étude montrent que pour le propriétaire dirigeant des TPE qui entretient des relations interpersonnelles plus étroites avec son capital social, permet d'avoir un meilleur accès aux ressources informationnelles, financières et aussi de la notoriété. Entretenir davantage de liens par les investissements en temps, en argent et en énergie physique favorise la performance de l'entreprise. Cette performance est à la fois économique et personnelle.
Mots clés : Gestion du capital social, propriétaire dirigeant, ressources stratégiques externes, performance économique et personnelle

Témoignage : *« Arrivé au grade de docteur dans le contexte africain relève d'un parcours de combat. Les doctorants africains font face à plusieurs contraintes tant au niveau institutionnel qu'académique. Ceux qui s'engagent dans cette aventure*

n'arrivent pas dans la plupart de temps à l'étape de soutenance. Pour cause, on peut citer entre autres ; des thèses manquant de repères, sans date butoir, sans bibliothèque, sans financements, sans ordinateurs, sans un encadrement effectif, sans surveillance et surtout sans autres moyens que la volonté d'y arriver. Pour ce qui est de mon cas par exemple, j'ai écrit une thèse dans la précarité totale, sans moyens financiers notamment sans bourse. Les conditions de travail étaient très difficiles. Pendant les 3 ans de cette aventure j'ai connu une galère atroce. La seule grâce que j'ai c'était la disponibilité de mon directeur de thèse qui n'a ménagé aucun effort dans l'encadrement. Malgré les difficultés citées plus haut, j'avais de la motivation et un objectif à atteindre, celui de boucler la rédaction de ma thèse au bout de trois ans afin de pouvoir soutenir. Chose qui a été faite. J'ai eu la grandeur d'esprit de transformer les difficultés en opportunités et cela m'a valu une thèse de haute facture, car j'ai pu arracher au Jury la plus haute mention lors de la soutenance c'est-à-dire la mention 'Très honorable avec les facilitations du Jury". Bien avant tout, il faut absolument maitriser les théories des organisations et les méthodes qualitatives et quantitatives »
Dr. François Xavier MVOGO

Résume de thèse et témoignage du docteur Gildas Mael MBA BIKORO
Sous le thème : Stress au travail et intention de quitter : une analyse de l'effet modérateur du soutien social, cas du centre d'appels, soutenue le 11 juillet 2022 à l'Université Omar BONGO de Libreville au Gabon.

Résumé de la thèse : Au cours des années 1990, l'industrie du centre d'appels a connu une forte croissance (Stevens, 2014). Grâce à une architecture technique couplant la téléphonie, management panoptique et taylorisme bureaucratique, les téléopérateurs sont très stressés (Charron, 2016). Il s'en suit une forte intention de quitter dont le soutien des collègues et des superviseurs (Yang et al., 2016) pourrait atténuer. D'où le questionnement central suivant : « Quel est l'effet modérateur du soutien social dans la relation entre le stress au travail et l'intention de quitter chez les téléopérateurs ? » La méthode mixte est retenue. L'approche quantitative repose sur le questionnaire auto-administré auprès d'un échantillon de 300 téléopérateurs choisis par convenance. Des entretiens semi-directifs auprès de 10 téléopérateurs et 4 superviseurs sont menés pour l'analyse qualitative. Deux principaux résultats peuvent être déduits de l'étude : le stress au travail a un effet positif sur l'intention de quitter ; le soutien social des collègues modère la relation stress au travail et intention de quitter, contrairement à celui des superviseurs. Si le soutien des collègues est souhaité et fortement attendu, il n'en va pas de même pout celui des superviseurs car ils sont accusés d'être à l'origine de la situation stressante dans laquelle ils travaillent.
Mots clés : Stress au travail, intention de quitter, soutien social, centre d'appels, téléopérateurs, superviseurs.

Témoignage : « *La thèse est une unique et spécifique qui nous apprend à nous connaître. En effet, la thèse est comme un rite initiatique scientifique, spirituel et comportemental qui nous enseigne les valeurs cardinales humaines ; la thèse fait de nous des Hommes. Semblable un torrent qui vient bouleverser notre vie : le manque de moyen financier pour acheter des articles en ligne et participer à un colloque ; les rejets de nos dossiers de demande d'emploi en qualité d'enseignant ; les menaces et la rupture avec certains membre de sa famille pour qui la thèse est une perte de temps ; la pression familiale ; les maladies qui surviennent uniquement et à chaque fois quand on commence à rédiger notre thèse ; la séparation avec sa partenaire parce que, selon elle, notre ordinateur est devenu notre femme ; parcourir plus de 10 km à pied pour se rentre à un laboratoire de recherche avec accès internet...le tout orienté vers la volonté de nous faire abandonner. Il nous a fallu résister à tout cela et persévérer malgré les obstacles. Parfois, nous faisions 2 jours sans dormir, enfermé dans la chambre devant l'ordinateur à décrypter des articles scientifiques en anglais, allemand, coréen et chinois. Par cet effort, nous parvenons maintenant à lire des articles en anglais sans avoir à utiliser un logiciel de traduction. Nous avons même refusé des emplois dans les entreprises privées car la thèse est plus importante pour nous.*

La thèse c'est également la rencontre et la collaboration des grands manageurs (DRH de SOBRAGA), qui conduisent à une relation grand frère-petit frère, père-fils. Ils nous ont accompagné et permis d'atteindre notre objectif.

La thèse, c'est aussi un magnifique éclairci, jonché d'un ciel bleu, après une averse pour traduire la fin de la souffrance (rapport de thèse avec la mention « avis favorable », soutenance avec la mention « très honorable et les félicitations du jury) et le commence d'une vie (emploi en qualité d'enseignant chercheur). En effet, la thèse est un engagement personnel qui nous conduit à se connaître soi-même et à découvrir qui nous sommes. Elle nous amène à donner le meilleur de nous à tout instant et à être un modèle.

La thèse c'est également la relation père et fils entre le directeur de thèse et le doctorant. Le directeur de thèse est perçu comme notre second père tant il s'est occupé de nous psychologiquement, émotionnellement et financièrement, durant notre parcours. Nous devons un grand remerciement. Notre plus grand obstacle pour la thèse est de voir notre étoile s'éteindre et de voir d'autres personnes passer de nous c'est-à-dire abandonner notre recherche.

Ainsi, la thèse c'est croire en la Sainte Vierge Marie car c'est elle qui nous a permis de terminer notre thèse. »

Dr. Gildas Maël MBA BIKORO

Résumé de thèse et témoignage du docteur Félix NDZIE

Sous le thème : Mobile banking et performance des banques commerciales en zone CEMAC, soutenue le 03 Août 2022 à l'Université Omar BONGO de Libreville au Gabon.

Résumé de la thèse : Du fait de la digitalisation croissante dans divers secteurs d'activités, dont le secteur bancaire, le mobile banking occupe une place prépondérante dans les choix stratégiques des banques commerciales. Le recours à cette innovation technologique est d'autant plus justifié que la clientèle des banques est elle-même de plus en plus portée vers les avantages qu'offre l'utilisation de ces services. Cependant, nonobstant l'intérêt grandissant des dirigeants des banques pour cette innovation technologique, l'on observe que ces derniers s'y lancent généralement par effet d'alignement, sans une véritable connaissance de l'impact de ces services sur leur activité. Ainsi, notre travail de recherche a pour objectif principal d'évaluer l'impact du mobile banking dur la performance des banques commerciales de la zone CEMAC, appréhendée suivant ses dimensions financières, commerciale et opérationnelle. Une méthodologie de recherche mixte a été adoptée à cette effet. Au terme d'une enquête qualitative menée auprès d'une dizaine de banques commerciales, les hypothèses de recherche retenues ont été testées principalement par régression linéaire sur données de panel par moindres carrés généralisés, à partir des données collectées auprès des banques commerciales de la CEMAC sur la période de 2008-2019. En résumé, les résultats des tests réalisés montrent qu'au stade actuel de son développement, le mobile banking n'a pas une influence significative sur la performance des banques commerciales de la sous-région CEMAC. Toutefois, cet impact qui est porté par quelques services spécifiques du mobile banking est davantage perceptible sur certaines dimensions de la performance, notamment la dimension commerciale. Les résultats de l'étude mettent également e lumière un développement progressif de l'offre des services du mobile banking dans les banques de la zone CEMAC qui devraient avoir une influence plus significative sur leur performance. En outre, notre étude dresse un panorama de la typologie des services de mobile banking offerts par les banques commerciales dans la sous-région CEMAC, ainsi que des risques inhérents à leur utilisation.

Témoignage *: « Faire une thèse en Afrique, notamment au-dessous du Sahara, est un exercice complexe à plus d'un titre. Pour le doctorant qui s'y consacre à plein temps, la principale difficulté réside dans l'équilibre à trouver entre les activités de recherche liées à la thèse, et la capacité à assurer ses besoins de subsistance quotidien. Pour le professionnel, la complexité se trouve dans la capacité à allier exigences de la recherche et contraintes professionnelles.*

En ce qui me concerne, cette expérience a été l'une des plus stressantes de ma vie. Entre désir d'abandon et volonté d'aller jusqu'au bout, il m'a fallu aller chercher au plus profond de moi pour parachever ce travail.

Il faut également souligner que seul, je n'y serais jamais parvenu. Le rôle de mon Directeur de Thèse a été déterminant à chacune des étapes de ce travail. Sa patience et sa pédagogie m'ont permis de dompter l'essentiel de mes moments de doute. En résumé, cette thèse est le fruit d'énormes sacrifices personnels, mais surtout de l'accompagnement judicieux de mon directeur de thèse. »

Dr. Félix NDZIE

Résumé de thèse et témoignage du docteur Hervé FOYANG FOYANG
Sous le thème : Les déterminants de l'engagement entrepreneurial au SENEGAL, soutenue le 24 avril 2021 à l'Université Cheikh Anta Diop de Dakar au Sénégal.

Résumé de la thèse : La question des facteurs qui déterminent l'engagement entrepreneurial continue de faire débat. Alors que de nombreuses statistiques témoignent d'une fermeture précoce de plus de la moitié de nouvelles entreprises créées (Gasse, 2003 ; LME, 2015 ; Rivet et al., 2020), la plupart des travaux se focalisent sur les causes de la fermeture précoce des entreprises créées. Il est devenu alors crucial de rechercher chez les entrepreneurs, les facteurs qui, malgré l'adversité, justifient la poursuite des activités de leurs entreprises. En effet, à partir d'un échantillon de 166 entrepreneurs en activité depuis au moins 3 ans au Sénégal et à l'aide d'un questionnaire, des données ont été collectées et analysées. La méthode des équations structurelles a été mobilisée pour l'analyse des données. Le traitement des données s'est à l'aide du logiciel SPSS 21 en vue de générer les résultats des analyses factorielles. Les tests de validation ont été réalisés avec le logiciel de modélisation en équations structurelles AMOS 20. Les résultats montrent que la passion pour l'entrepreneuriat, la persévérance (psychologique de l'entrepreneur), l'endettement (facteur économique), l'adhésion aux groupes et l'appartenance à une famille d'entrepreneurs (facteurs environnementaux) influencent positivement l'engagement de l'entrepreneur envers son entreprise. Les résultats de cette thèse confirment la théorie de l'agence à travers le rôle disciplinaire de l'endettement, la théorie de l'entrepreneur ambitieux issue des travaux portant sur les intentions de croissance de l'entrepreneur et du dirigeant d'entreprise (Davidsson, 1989), à travers la passion pour l'entrepreneuriat et la persévérance et les théories des milieux innovateurs (Maillat, Perrin, 1992) et des clusters (Porter, 1998, 2003) à travers l'appartenance à un groupe et/ou à une famille d'entrepreneurs. Elle plaide ainsi pour le renforcement du comportement ambitieux de l'entrepreneur (Hessels et al., 2008) et son maintien dans un écosystème (groupes et famille) à travers des formules d'accompagnement.

Témoignage : « *La thèse est un chemin initiatique. Elle vous confronte à vos propres faiblesses, elle mobilise votre courage, votre persévérance, et exige une quotidienne rencontre avec nos limites. Elle est aussi un exercice de tolérance au risque, d'abnégation dans la 'précarité' (le mot est à la mode). C'est enfin, comme le disait le professeur Alain Renaut (philosophie), le moment de tester si la recherche est le 'genre de beauté qui nous plaît. Pour finir, il faut avoir un mental de fer* ».

Dr. Hervé FOYANG FOYANG

Références Principales

BEAUD M. (1999), *L'art de la thèse*, les éditions la Découverte, France, pp. 76 ;

Brisoux J. (1997), Méthodologie de la recherche, *Note de cours*, Département des sciences de la gestion et d'économie, UQTR, Québec, Canada ;

Cossette, P., (2009), *Publier dans une revue savante. Les 10 règles du chercheur convaincant*, Presses de l'Université du Québe: Québec, Canada.

Dameron S. (2011) dans *Comment reussir sa THESE, la conduite du projet de doctorat* de Romelaer Pierre et de Michel Kalika, Annexe IV, p. 195, 2ème édition, Edition Dunod, France ;

Dumez H. (2013), *Methodologie de recherche qualitative, les 10 questions clés de la demarche comprehensive*, édition Vuibert, France ;

Emory C. W. (1985), *Business Research Methode*, edition Irwin, USA, pp. 483;

Emory C.W. et Cooper D. R. (1991), *Methode de recherche d'entreprise*, 4ème édition, édition Homewood, illinois Irwin, USA ;

Félix Ndzie (2022), *Mobile banking et performance des banques commerciales en zone CEMAC ;* Août, Thèse Université Omar Bongo, Libreville, Gabon ;

François Xavier Mvogo, (2022*), La Gestion du Capital social du propriétaire dirigeant et la Performance des TPE gabonaises : le rôle médiateur des ressources stratégiques externes*, Juillet, Thèse Université Omar Bongo, Libreville, Gabon ;

Gavard-Perret M. L., Gotteland D., Haon C. et Jolibert A (2008), *Methodologie de la recherche, réussir son mémoire ou thèse en sciences de gestion*, édition Pearson Education, France ;

Gildas Mael Mba Bikoro (2022), *Stress au travail et intention de quitter : une analyse de l'effet modérateur du soutien social, cas du centre d'appels*, Juillet, Thèse Université Omar Bongo, Libreville, Gabon ;

Hervé Foyang Foyang. (2021), *Les déterminants de l'engagement entrepreneurial au Sénégal*, thèse, avril, Université Cheikh Anta Diop, Dakar, Sénégal.

Plane J. M. (2014); *Théories des organisations,* 4ème édition, Dunod, France ;

Quivy R. et Campenhoudt L. V. (1995), *Manuel de Recherche social*, édition Dunod, France, pp 287 ;

Thietart R-A (2003) *Méthodes de Recherche en Management*, 2ème édition, Dunod, France.